住进令人怦然心动的家

205个装修细节

日本豪斯公司◎著

杨田◎译

清华大学出版社

北京

北京市版权局著作权合同登记号　　图字：01-2017-3347

MAINICHI GA TOKIMEKU SUMAI WO TSUKURU HOHO 205© the house 2014
Originally published in Japan in 2014 by X-Knowledge Co., Ltd. Chinese (in simplified
character only) translation rights arranged with X-Knowledge Co., Ltd.

图书在版编目（CIP）数据

住进令人怦然心动的家 : 205个装修细节 / 日本豪斯公司著 ; 杨田译. — 北京 :
清华大学出版社, 2017

ISBN 978-7-302-48312-0

Ⅰ. ①住… Ⅱ. ①日… ②杨… Ⅲ. ①住宅 – 室内装修 – 建筑设计 – 图集 Ⅳ. ①TU767-64

中国版本图书馆CIP数据核字（2017）第210808号

责任编辑：孙元元
装帧设计：谢晓翠
责任校对：王荣静
责任印制：杨　艳

出版发行：清华大学出版社
　　　　　网　　址：http://www.tup.com.cn,　　http://www.wqbook.com
　　　　　地　　址：北京清华大学学研大厦A座　　邮　编：100084
　　　　　社总机：010-62770175　　　　　　　邮　购：010-62786544
　　　　　投稿与读者服务：010-62776969, c-service@tup.tsinghua.edu.cn
　　　　　质量反馈：010-62772015, zhiliang@tup.tsinghua.edu.cn
印装者：小森印刷（北京）有限公司
经　　销：全国新华书店
开　　本：165mm×230mm　　　印　张：17.5　　　字　数：231千字
版　　次：2017年9月第1版　　　印　次：2017年9月第1次印刷
印　　数：1～3500
定　　价：78.00 元

产品编号：072418-01

目录 CONTENTS

Chapter2　注重细部

2-1　窗户

2-3　楼梯

Chapter3　决定住宅的品位

3-1　玄关·进屋通道

摄影（按照日语五十音图排序，括号内为本书页码）

- Akinobu Kawabe（20、85、116、145、188、218）
- Ippei Shinzawa（24、186）
- KantaOFFICE 牛尾干太（10、140、204、209）
- 浅川敏（23、60、61、79、79、123、173、197）
- 石井雅义（31、31、195）
- 上田宏（17、64、84、147、235、239）
- 太田拓实（249）
- 新建筑写真部（8、9）
- 铃木研一（83、114、245、246）
- 田中宏明（26、112、127、139、223、242、254）
- 鸟村钢一（14、19、32、42、43、45、48、49、54、74、75、81、85、89、98、99、108、109、125、136、138、166、178、187、189、205、216、217、219、236、243）
- 中川敦玲（16、53上、180、233下）
- Nakasa and Partners 金子美由纪（76下、77）
- 西川公朗（6、7、30、44、50、53、55、58、82、100、101、106、107、111、128、133上、161、162、170、171、206、207、237、240、258）
- 野濑胜一（149）
- 桧川泰治（28下、31上左、59下、118、131、134、181、196、210、225、228、231、233）
- 平井广行（80、117、135、168、238）
- Forward Stroke（92、160、244）
- 吉田诚（4、5、13、57、63上左、63下、78、88、158、159、163、164、165、212、257下）
- 吉村昌也（22、148）
- 矢野纪行（11、12、47、93、115、137、141、143、156、157、169、174、175、191、208、224、255）

Chapter **1**

设计理想的房间

1-1 LDK

（客厅/餐厅/厨房三位一体空间）

家人团聚的场所

在建造新居时，很多人都会首先考虑 LDK[1]。LDK应该是整个住宅内最让人舒适的空间。在本节中，我将为大家介绍一些成功的 LDK实例。

1. LDK是指客厅（Living room）、餐厅（Dining room）和厨房（Kitchen）所构成的一体空间。（LD是指客厅和餐厅构成的一体空间；DK是指餐厅和厨房构成的一体空间。）

能够欣赏到
樱花行道树的客厅

特意没把窗框直接做到屋顶。通过限制窗框的高度
可以给人营造出一种离窗外景物更近的感觉。

建筑概要:
占地面积／259.05m²
使用面积／171.20m²
设计／LEVEL Architects
名称／东武动物公园的两代人住宅

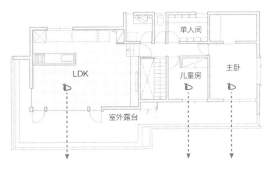

这是一栋两代人住宅（孩子结婚后仍和父母住在一起），窗外有一排樱花行道树。为了便于欣赏窗外的景致，客厅使用了最大尺寸的双层玻璃窗。此外，还在确保邻居无法窥见屋内情形的前提下，设计了最大尺寸的拐角窗。视野也因而变得更为宽广。

客厅外面搭建了一个很大的露台，在露台上的任何一个位置都可以很好地欣赏樱花。露台扶手使用宽木板，上面可以放置啤酒等。

客厅内的桌子使用原色胡桃木。地板使用鸡翅木。露台使用杉木板材。

现代风的空间+日式的美

整个空间如同度假酒店一般，既充满了现代风格，
又体现出日式美感。

建筑概要：
占地面积／293.31㎡
使用面积／174.30㎡
设计／APOLLO
名称／Le49

此栋住宅的房主夫妇原本住在东京市中心的一栋塔楼内。来到相模湾后，夫妇俩一眼就看中了当地的绝佳美景。他们购置了这块土地，并决定建一处新居。鉴于世界各地的游客都会来此游玩，他们在委托设计时就明确要求新居要以"充满日式美感的现代风空间"为主题。

此栋住宅的最大特色是由钢结构基础和木结构横梁形成的五角形大屋顶。如果将滑动门全部拉开的话，整个室内空间会和周围的自然景致融为一体，外面优美的风景会非常自然地被借到室内来。

完美的设计与精细的施工共同打造出优美的客厅空间。如果将正面的滑动门全部拉开的话，整个相模湾的美景会尽收眼底。

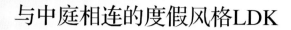

与中庭相连的度假风格LDK

上荻之家的规模已经超出了普通的住宅。大尺寸的窗户、木质感浓郁的窗框、搭配和谐的地板和走廊，共同营造出温馨的室内空间。

建筑概要：
占地面积／125.57m²
使用面积／117.16m²
设计／八岛建筑设计事务所
名称／上荻之家

中庭位于住宅的中央位置，与客厅相连，打破了上下层之间的隔绝状态，所以在住宅内的任何一个位置都可以感受到家人的气息。

房主希望新居能有度假酒店般的感觉，同时还希望能有一个大客厅，但是建筑用地并不是很理想，周围被其他住宅包围着。为了确保开放感，同时也为了保护住户的隐私，建筑师为其设计了一栋中庭式住宅。

事务所最终给出的设计方案中包含两个中庭，中间夹一个客厅。通过大窗户将客厅、餐厅和厨房连接在一起。中庭和起居室使用同一个空间。木制窗框和大尺寸的开口部位营造出温馨感。

全天都有阳光射入的东西两侧带窗客厅

建筑概要：
占地面积／255.41㎡
使用面积／139.03㎡
设计／奥野公章建筑设计室
名称／六日町的家

客厅东西方向开设了高侧窗，便于阳光射入。
室内刷白墙，看起来更加明亮。

木制拉门由保温窗框和双层聚碳酸酯采光板制成，内部填充纯羊毛、张贴气密膜，既可以确保光线射入，又具有良好的保温性。在天气晴朗时，整个客厅内会形成非常柔和的光环境。

此栋住宅的家庭成员的兴趣爱好各不相同，但都希望自己的空间能够和他人保持适度的距离感，同时还希望在冬天也能够过舒适、明亮的生活。所以房主在委托设计时要求建筑师根据每个家庭成员的特点设计三个独立空间，并且一定要让客厅内充满阳光。

鉴于此，建筑师特意在客厅的东西方向开设了窗户，这样可以确保有充足的阳光射入客厅内。而且随着时间的变化，屋内的光线也会相应移动，整个客厅也会因此呈现出多样的表情。此外，透过朝南的窗户可以看到屋外丰富的景致，虽然身处屋内，一样可以体验到身在户外的感觉。

位于地下的开放性客厅

建筑概要：
占地面积／150.86㎡
使用面积／207.74㎡
设计／MDS一级建筑士事务所
名称／目白之家

此栋住宅的南侧和西侧紧邻小区内的道路，而且整个建筑用地被周边的住宅包围着。房主在委托设计时希望既保护自家的隐私，同时又不破坏客厅的采光。

为了解决这一问题，建筑师特意将客厅设计在地下。坐在客厅内，仰头斜望过外墙，可以看到天空和对面住宅的屋顶，而路上的行人却看不到屋内的情景。整个客厅非常宽敞，让人心情舒畅。

室内贯通空间和开放式楼梯将一层与二层连接在一起，家庭成员感受到的是一个整体的生活空间，不仅不会有身处地下的闭塞感，反而会有非常强烈的开放感。

用布来分割整层空间

建筑概要：
占地面积／102.68㎡
使用面积／117.18㎡
设计／MDS一级建筑士事务所、Hatta Yukiko
名称／Pajagi之家

Pajagi拉开时的状态。在将Pajagi拉开后，客厅、餐厅和室外会连成一体，形成一个可以让风顺畅通过的舒适空间。

"Pajagi"是韩国非常传统的一种拼布艺术。Pajagi之家的房主是一名室内装饰设计师，他利用自己设计的Pajagi，像设置可移动式隔扇一样对宽敞的整层空间进行了分割。

如果将Pajagi拉上，就会形成一个小的独立空间；如果将Pajagi拉开，又会恢复到原先的宽敞空间。房主的此种设计其实是源自日本传统的"续间"装饰手法。（译者注：续间是指在两个房间之间不用墙壁，而是用拉门或隔扇等隔开。如果想用大屋就把拉门或隔扇拉开，如果想用小屋就把拉门或隔扇关上。）

一次性解决噪音和采光的烦恼

建筑概要：
占地面积／120.96㎡
使用面积／111.46㎡
设计／LEVEL Architects
名称／八云住宅

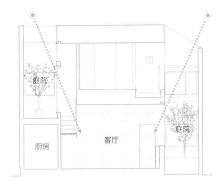

面对庭院的窗框使用了窗柱。巨大的窗框起到框景的作用，像画框一样将庭院内的景物框了起来。

八云住宅位于住宅密集区，周围全都是住宅。为了消除汽车的噪音，同时也为了让客厅更加明亮，建筑师特意设计了两个庭院。

两个庭院分别位于客厅的东西两侧，而且高度也各不相同。东西内侧的庭院给客厅带来充足的采光，即便是阴雨天也会非常明亮，因此在住宅的南侧就没有再设计开口部位。

此外，环绕住宅一周的外墙提升了住宅的隔音性。住户可以在静寂中欣赏美丽的景色。

在不规则形状的客厅内设计
不同高度的地面

建筑概要：
占地面积／170.80m²
使用面积／166.26m²
设计／石井秀树建筑设计事务所
名称／砧之家

砧之家的客厅和餐厅连成一体，是一个非常大的开放空间。为了防止大空间给人造成单调感，建筑师特意在房间内设计了不同高度的地面，给空间营造出层次感。

地板使用了杉树原木地板，赤脚踩上去的触感非常好。墙壁涂白色的AEP涂料。房间内进行了简单的装修。此外，从窗户透进的自然光、倾斜的墙壁和曲折的天花板也为整个空间增添了色彩。

地面高出一截的小角落、倾斜的墙壁和曲折的天花板造成的光影变化为宽敞的单室空间增添了色彩。另外，从窗户透进的自然光也是此栋住宅的一大亮点。

阳光从高处射入、表情丰富的白色房间

建筑概要：
占地面积／55.60㎡
使用面积／100.75㎡
设计／LEVEL Architects
名称／门前仲町住宅

此栋住宅的北侧是一排樱花行道树，南侧紧挨着邻居家的住宅。为了保护住户的隐私，同时也为了最大限度地欣赏到屋外的樱花行道树，建筑师在住宅南侧设计了高侧窗来确保采光，在北侧则设计了一直顶到天花板的大窗户。

整个室内装饰以白色为主，各种各样的白色元素和谐地组合在一起，营造出非常高雅的感觉。

客厅的天花板高度是2.9m。餐桌和厨房操作台设计在一起，充满创意。厨房洗涤槽的上方设计了盖板，做饭时把盖板拿掉，可以当作洗涤槽；吃饭时把盖板盖上，可以当作餐桌。

巧设窗户，让LDK
与天空和阳光为伴

建筑概要：
占地面积／152.97㎡
使用面积／104.40㎡
设计／都留理子建筑设计工作室
名称／生田H住宅

　　生田H住宅毗邻公共绿地，住着一家四口。房主在委托设计时就要求客厅要设计得大一些，所以建筑师设计成非常宽敞的客厅空间。

　　住宅由两个不同尺寸的立方体构成。顶棚高的立方体被设计成客厅。顶棚低的立方体被分割成客厅、厨房和工作室三部分。地面铺着正方形的镶嵌地板。整栋住宅犹如连在一起的两个箱子，给人带来新鲜感和开放感。

窗户的配置既考虑到安全性，又考虑到对周边景致的可欣赏性。窗户的高低大小没有规则，但却给人一种很有韵律的感觉。

窗户使用固定窗，将窗框的存在感降到了最低。从室内望出去，每个窗户都宛如一幅画。地面铺设正方形的双色镶嵌地板，营造出非常温馨的感觉。

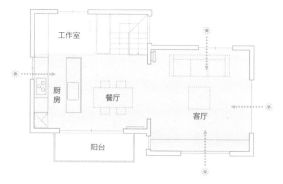

可以望见森林的 "＜" 形住宅

建筑概要：
占地面积／194.92㎡
使用面积／104.93㎡
设计／直井建筑设计事务所
名称／M住宅

和室　LD

厨房

为了让住户从客厅和餐厅内都可以看到森林的景致，建筑师特意将整栋住宅设计成"＜"字形。另外，由于房主不在乎邻居或道路上的行人可以看到屋内的情况，所以建筑师使用了大窗户，营造出一个大的开放空间。

设计轴线的偏移造成了视线的变化，同时使得客厅和餐厅可以同时处于拐角的两侧，这样可以确保在任何一侧都可以看到室外的景致。如果将二楼的定制木拉门全部拉开，那么整个二楼就会变成一个类似于阳台的开放空间。

大窗户具有借景的功能。夜晚降下窗户的卷帘，可以遮挡外人的视线；白天升上窗户的卷帘，可以欣赏到外面的景致。房主特意定制了由美国扁柏制成的木制窗框。

一直延伸到阳台的舒展空间

建筑概要：

占地面积／135.44㎡
使用面积／121.70㎡
设计／LEVEL Architects
名称／大船住宅

房主希望新居能有一个明亮的开放式LD，同时还能够保护自家的隐私。鉴于此，建筑师特意在住宅的外围设计了外墙。内部的客厅与阳台连成一个整体，这样既可以挡住道路上行人的视线，又可以增强客厅的亮度。

此外，厨房操作台和餐厅置物台、电脑桌设计成一个整体。餐厅内摆着一张很大的北欧产餐桌。总之，大船住宅的LDK的居住体验非常棒。

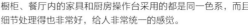

橱柜、餐厅内的家具和厨房操作台采用的都是同一色系，而且细节处理得也非常好，给人非常统一的感觉。

阳光和月光都可以射入的空间

建筑概要：
占地面积／855.20㎡
使用面积／128.78㎡
设计／石井秀树建筑设计事务所
名称／城崎海岸之家

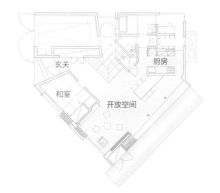

为了确保在白天任何时候都可以有阳光射入屋内，建筑师特意在不同方向设计了不同尺寸的窗户。

随着季节与时间的变化，射入室内的阳光也会呈现出不同的表情。此外，在有月亮的夜晚，月光同样可以从高侧窗照进屋内。从住宅的实际使用情况来看，能够接受到阳光和月光照射的这部分空间已经成为整栋住宅中最核心的部位。

在三角屋顶下摆一张可以感受到自然的餐桌

建筑概要：
占地面积／91.80㎡
使用面积／91.08㎡
设计／imajo design
名称／田园调布之家

在此栋住宅中，通过窗子的借景功能可以感受到季节的变化，通过天花板和墙壁上的光影变化可以感受到时间的流逝。住在这样的房子里，人的心情势必也会变得舒畅起来。屋顶特意设计成三角形，这样可以增大室内的空间体积。

厨房和客厅内的家具全部采用原木质感的胶合板，纯手工打造，给人优雅的感觉。

客厅内的家具全部采用原木质感的胶合板，纯手工打造而成。厨房操作台与收纳柜也使用同样的胶合板，整体感觉非常统一。

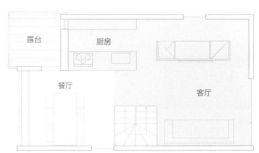

在二层的LDK可以眺望邻居家的庭院

建筑概要：
占地面积／99.01㎡
使用面积／104.51㎡
设计／村田淳建筑研究室
名称／镰仓之家

此栋住宅的建筑用地的形状很不规则，北侧少了一个角，而且周边的建筑物还非常密集，所以如果既想看到绿色，又想确保采光的话，那就必须得下一番功夫。

建筑师将LDK设在了二楼。为了让自然光能够照到室内，在南侧设计了一个小庭院。另外，为了欣赏到邻居家的庭院的美丽景色，建筑师在北侧也开设了窗户。

根据建筑用地的不规则形状，建筑师特意将住宅设计成"＜"形，这也使得镰仓之家有了一个拐角。

在住宅密集区域，建筑师在设计窗户时必须充分考虑住户的隐私问题。鉴于镰仓之家的顶棚较高，所以建筑师特意选用柴火暖炉来作为冬季的取暖用具。

用百叶挡板来调节人与自然的距离

建筑概要：
占地面积／107.65㎡
使用面积／734.31㎡
设计／佐藤宏尚建筑设计事务所
名称／百叶挡板的别墅

　　此栋别墅位于千叶县房总半岛的南段，专供房主过周末使用。别墅面朝美丽的大海，背靠满眼浓绿的山岭，自然环境优越。为了更好地利用别墅所处的自然环境，建筑师特意在客厅与室外之间设计了一个缓冲地带，这样既可以保证距离感，又可以将户外与室内连在一起。

　　此外，此栋别墅还使用了可开闭的百叶挡板来调节射入室内的阳光。百叶挡板投射到室内的影子丰富了室内的表情。

用美国香柏制成的百叶挡板柔和地调节着人与自然的距离感。百叶挡板投射到室内的条纹影子演绎出周末的悠闲时光。

| 卧室 | 卧室 | 客厅 | DK | | 门廊 |

百叶挡板投射到室内的条纹影子最大限度地激发出了原木的质感，同时也成为这栋别墅的一大亮点。

用28厘米高的挡板
来隐藏生活感

建筑概要：
占地面积／65.10㎡
使用面积／129.12㎡
设计／都留理子建筑设计工作室
名称／下作延K

此栋住宅的建筑用地是一块不规则形状的四边形土地，西北方的视野非常开阔。建筑师在设计时充分利用了周边得天独厚的自然条件，设计出一栋可以令人充分放松的住宅。

此栋住宅除卧室和湿区外是一个大开间。在大开间的一角设计了厨房。厨房内设计了壁面收纳橱柜和带有洗涤槽的中岛操作台。操作台外缘设计了28厘米高的挡板，可以挡住厨房外人员投过来的目光。家人可以在客厅区域愉快地消遣时光，而不会注意到厨房内的操作。

固定窗如同画框一样将室外的景色借到了室内，为整个客厅增色颇多。为了不影响视野，固定窗特意采用了小窗框式设计。

此栋住宅除卧室和湿区外是一个大开间。厨房操作台的外缘设计了28厘米的挡板，可以很好地挡住厨房外侧人员的视线。

一边欣赏室外的植物，
一边做饭和用餐

建筑概要：
占地面积／170.35㎡
使用面积／123.96㎡
设计／imajo design
名称／下田町之家

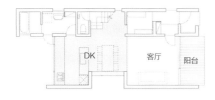

　　下田町之家的房主非常喜欢做饭，而且特别希望能够拥有一张大大的餐桌。为了实现房主的这一梦想，设计师将厨房对面的一整面墙全部设计成窗户，而且还预留了可以放得下一张大餐桌的足够空间。这样一来，房主就可以一边欣赏室外的景致，一边做饭或用餐了。

　　此外，室内和室外的墙壁使用了同样的涂料，给人一种内外紧密相连，同时又非常敞亮的感觉。

餐厅内的大餐桌是建筑师专门为房主设计的。质感粗糙的浅灰色墙壁为整栋住宅营造出宁静的氛围。

配置象征树传递
季节信息

建筑概要：
占地面积／186.84㎡
使用面积／201.58㎡
设计／村田淳建筑研究室
名称／中海岸的中庭住宅

此栋住宅的主体结构呈"U"形，中间有一个中庭。中庭内种植着日本紫茎，在初夏会盛开非常可爱的小白花。

客厅面朝中庭，门窗开得很大，整体感觉很敞亮。由于使用了大型窗框，所以住户无论何时都能够感受到与户外的联系，可以怀着平静的心情快乐地度过每一天。

中庭内种植的日本紫茎可以传递季节的信息，在春天会送上清爽的绿意，在夏天则会盛开白色的小花。

为了保护住户的隐私，整栋住宅朝外的开口部位都是按最低限度来控制尺寸，室内的采光主要通过中庭来保证。靠近中庭的室内一侧由回廊相连。客厅与主卧、和室隔中庭相望。

在住宅的中心区域建一个灰泥地面的厨房

建筑概要：

占地面积／237.96㎡
使用面积／111.29㎡
设计／H.A.S.Market
名称／STH

房主是一个美食家，非常喜欢做饭，所以建筑师特意在住宅中心区域设计了一个很大的灰泥地面的厨房。家庭内的每个成员都有自己的房间，既保持紧密的联系，又有适度的距离感，很好地保护着每名家庭成员的隐私。

而且，此栋住宅的餐厅也是灰泥地面，家人和客人可以穿着鞋自由地出入。

厨房位于住宅的中心区域，地面抹灰泥，给人一种素土地面的感觉。

全开放式的楼梯将上下楼层连成一个整体。家庭内的每名成员都有自己独立的房间，既保证了适度的距离感，又能让彼此感受到家人的存在。

一直延伸到露台的
大空间客厅

建筑概要：
占地面积／226.21㎡
使用面积／272.58㎡
设计／佐藤宏尚建筑设计事务所
名称／uroko住宅

客厅

健身房

此栋住宅的客厅挑高是4.2米。客厅采用了特制的大型窗框。如果将客厅内的窗帘全部拉开的话，可以望见整个庭院，给人酣畅的开放感。

露台上方设计了长长的屋檐。为了让屋檐既能挡雨，又能起到在夏天遮挡阳光、在冬天射入阳光的作用，建筑师在设计时专门制作了立体模型，根据模型才最终确定了屋檐的尺寸。餐厅的地面高度要比客厅高出一大截，给整个室内空间营造出了立体感。

此栋住宅所使用的4.2米×1.73米大型木质窗框是专门向Kimado公司定制的。整个客厅的宽是7米、长是9米，如此大的空间没有使用一根柱子，而且是全木结构，所以部分梁用铁板进行了加固。

最精彩的室内贯通空间

建筑概要：
占地面积／118.22㎡
使用面积／153.47㎡
设计／充综合计划一级建筑士事务所
名称／本之栖

　　房主非常喜欢藏书，在之前住的老房子里，连走廊和玄关都摆满了书。为了解决藏书的问题，建筑师将客厅和室内贯通空间的墙壁全都设计成书架。满是藏书的室内空间体现着房主的知识素养。

　　LDK的三面墙壁全都被设计成书架，剩下的一面墙壁开设了用来采光的大窗户。此外，由于此栋住宅位于住宅密集区，所以在设计窗户时也是充分考虑了周围的环境因素。

此栋住宅位于住宅密集区域，主体结构使用的是钢筋混凝土。由于住宅密集区域的道路都非常狭窄，运建材的车辆开不进去，所以所有的建材都必须靠人搬。为了节省人力，建筑师花了不少工夫来设计住房结构。

黑色的"塔"有什么用处呢？

建筑概要：
占地面积／81.77㎡
使用面积／85㎡
设计／Niko设计室
名称／O桑之家

在此栋住宅的客厅的中心部位，建筑师设计了一个四方形的将一层与二层贯通在一起的筒状"黑塔"。"黑塔"起到了天窗的作用，可以将二层获得的阳光传递到一层。

客厅和厨房位于"黑塔"的周边。不同功能区域内的地板高度不同，即便是一个单室空间，地板也还是呈现出了高低变化。这样一来，家庭内的不同成员就可以根据自己的喜好去选择相应的功能区域。

在住宅的中心部位设计了一个"黑塔"。客厅和厨房位于"黑塔"的周边。

"黑塔"是客厅内的一个重要设施。"黑塔"的外墙刷粗糙质感的黑漆。顶棚没做任何装饰，直接裸露着木质建材。

巧妙利用自然光，
让狭长空间显得宽敞

建筑概要：

占地面积／64.71㎡
使用面积／93.44㎡
设计／APOLLO
名称／BURN

　　此栋住宅的LDK位于二楼，受斜线限制[2]的影响，二楼使用了倾斜的墙壁，而室内则被设计成开放式的贯通空间。建筑师在倾斜墙壁上开设了天窗。天窗可以稳定地将自然光引入室内，确保室内能有既明亮又舒适的照度。此栋住宅虽然比较狭长，但好在比较高，这样不仅不会有横向的狭窄感，反而强调了纵向的深度，所以给人的感觉要比实际情况宽敞。

　　考虑到保护隐私，面朝北侧公共道路的墙壁没有开设任何窗户。此外，为了让阳光能够直射到室内的通道，建筑师在南侧的墙壁上随机开设了窗户。

此栋住宅的设计克服了建筑用地横向窄、纵向深的缺点，使得室内空间看起来要比实际情况更宽敞一些。

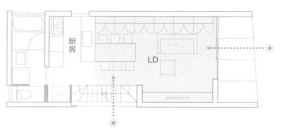

2. 译者注：为了确保住宅密地的通风与采光，日本的《建筑基准法》第56条规定了屋顶斜线空间的限制，例如北边斜线限制是为了不影响北侧住宅的采光，道路斜线限制与高度斜线限制则是为了通风和采光。

形状不规则的建筑用地也可以实现令人非常满意的开放感

建筑概要：
占地面积／88.19㎡
使用面积／74.32㎡（不包含阁楼）
设计／充综合计划一级建筑士事务所
名称／扇翁邸

扇翁邸的建筑用地类似于一个三角形，而且是倾斜的。如果用普通的四方形房屋的设计方法的话，那就很难保证必要的室内空间和光照，而且房主在委托时还特意强调一定要有一个供家人团聚的LDK。鉴于此，建筑师采用了能够最大程度利用建筑用地的扇形设计，而且在客厅外侧还设计了一个露台，以确保客厅能够获得充足的光照。

客厅、DK和铺设榻榻米的和室本是一个整体，但地板的高度差和顶棚的高度变化将它们区分为不同的空间。所以说，尽管此栋住宅的面积比较狭小，但功能区划还是非常健全的。

让每名家庭成员都能有自己喜欢的空间的秘密

建筑概要：
占地面积／130.91㎡
使用面积／117.88㎡
设计／桑原茂建筑设计事务所
名称／蓟野之家

LDK的楼梯充满悬浮感，而且顶棚很高。大型窗框和固定窗可以引入充足的自然光。

　　蓟野之家将用于家人团聚的LDK设在了二楼，光照和视野都非常棒。餐厅和客厅的空间很大，家人无论在哪个角落都可以有轻松的感受。

　　此外，各个功能区域的顶棚高度和地板高度也各不相同，强调了每个空间的独立性。每名家庭成员都可以在自己喜欢的空间内无拘无束地生活，同时又可以感受到家人的存在。

餐厅的地面要比客厅低。住宅内每个功能区域的地板高度各不相同。

储藏室

DK

客厅

通过具有高度差的中庭
来增强住宅的纵深感

建筑概要：

占地面积／92.65㎡
使用面积／78.48㎡
设计／Niko设计室
名称／鸿巢之家

鸿巢之家的建筑用地呈"旗与旗杆"形，而且还被周围的建筑物包围着。为了保护住户的隐私，同时也为了确保充足的采光，建筑师特意在住宅中间设计了一个中庭。

鸿巢之家的一层与二层并不是上下垂直的关系，而是并列的关系，只是二层比一层高出一截而已。中庭就设计在一层与二层的中间部位。从二层的LDK望出去，中庭就仿佛是从一层到二层的通道一般。中庭周围的建筑呈现出"U"形。尽管鸿巢之家的建筑用地很小，但由于中庭的存在，使得整栋住宅的纵深感大为增强。

坐在客厅的沙发上所能看到的中庭的景致。视野很广，而且光线非常明亮。此外，木质窗框也是鸿巢之家的一大亮点。

在具有纵深感的空间中，住户可以喝喝茶，也可以做一些其他的休闲事。

适合你的美居沙发

挑选沙发是你迈向舒适生活的第一步

2

1

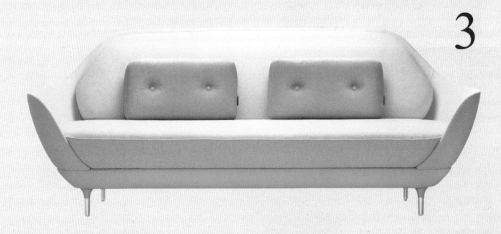

3

1. **Arm Chair SPENCER**
轻松感与舒适感兼备，介
于沙发与座椅之间的设计。
¥589 000～
（Minotti COURT）

2. **BOKJA Peacock**
整张沙发由各种花纹的布料缝制而
成，外观华丽，宛如开屏的孔雀。
¥630 000
（TOKYO KITCHEN STYLE）

3. **FAVN**
拥抱式的外形和不同色调的部
件让整张沙发显得非常高雅。
¥1 004 000
（Fritz Hansen）

4. fundamental furniture module sofa
扶手、长软椅和靠垫完美组合，当前最为流行的款式。
1P￥68 000～（BUILDING）

5. SOFA SPENCER
出众的奢侈感、悬浮于地板之上的独特腿部设计。
￥981 000～（Minotti COURT）

6. Sacco Chair
这是一款球椅，人坐进去之后，椅面会根据人的身体
曲线发生相应的变形，非常适合一个人独居或在狭小
的住宅内使用。
￥51 600（MoMA DESIGN STORE）

7. CONFLUENCES
两个沙发贴在一起的设计，可以增添客厅的温馨氛围。
￥260 000～（ligne roset tokyo）

建筑师的建议

　　沙发一般都会占据较大的空间，所以在挑选沙发时最好综合考虑房间的面积、顶棚的高度、其他家具的设计和预算等各种因素后再做出决定。（石井秀树建筑设计事务所·石井秀树）

　　沙发与靠垫和地毯的色彩搭配非常重要。在定制沙发时，一定不要只看小块的布料样品，因为很多时候做出来的成品要比布料样品的颜色明亮得多，这一点一定要注意。（APOLLO·黑崎敏）

　　家中有孩子的家庭在挑选沙发时一定要注意材料，要选择那种既耐脏，又容易入手的材料。（直井建筑设计事务所·直井克敏）

适合你的美居茶几

茶几可以将你的客厅和卧室装饰得更富有情调

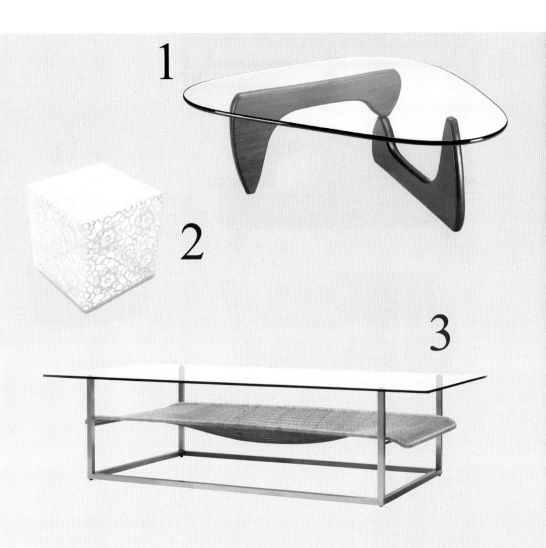

1. 野口 coffee table

人工雕刻的桌腿具有绝妙的平衡性，可以稳固地将玻璃桌面托起，整个造型很具有艺术性。

￥195 000～（hhstyle. com 青山总店）

2. moooi crochet table

将手工的钩织物固定化的一张桌子。映到地板上的影子也非常漂亮。

￥179 000～（TOKYO KITCHEN STYLE）

3. HAMMOCK

无机玻璃桌板与藤条编织成的带有柔和弧度的托架形成鲜明对比，显得非常优雅。

￥190 000（E&Y）

4

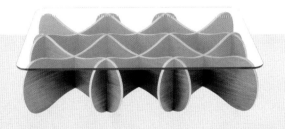

6

5

7

5. KRISTALLA Roter
由五块密胺板重叠构成，每块板都可以360
度旋转，可以通过旋转来自由地调整桌面的
面积。
￥226 000（TOKYO KITCHEN STYLE）

6. Diana A
在金属板上表现了抽象化的字体排印工艺，
不限定用途，可以在多种场合使用。
￥77 000（hhstyle.com 青山总店）

7. SOUS BOIS SIDE TABLE
巴黎设计师飞利浦·尤勒的作品，时尚的外
形中透出木材的造型之美。
￥130 000（cassina-ixc）

4. MATRIX TABLE / Black Walnut（L）
透过玻璃桌面可以看见由胶合板交叉拼接
成的流线形桌腿。
￥140 000（E&Y）

1-2 诸室

卧室、书房、和室、儿童房

"在新居中我想要这样的房间。"

为您介绍绝佳的诸室，帮您实现梦想。

很多房间的设计是既考虑满足当前的需求，同时又考虑到将来，预留出很多在将来可以改变的地方。

像衣帽间一样的卧室

主卧室的左右都设置了衣柜。卧室内的照明使用的是荧光射灯，这样可以确保在视觉上不会对服装的颜色产生色差。

建筑概要：
占地面积／55.60m²
使用面积／100.75m²
设计／LEVEL Architects
名称／门前仲町住宅

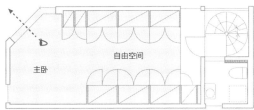

自由空间

主卧

　　此栋住宅的男女主人都非常喜欢服装，所以，建筑师将卧室空间的2/3全都设计成衣柜，给人的感觉就像是在衣帽间中做出了个卧室一般。衣柜的所有面都贴着镜子，将柜门打开后，就仿佛变成了化妆用的三折镜，房主可以非常从容地在镜子前欣赏自己的衣着。

　　此外，卧室外面是一排樱花行道树，建筑师特意在面向樱花一侧开设了一扇大窗户。房主早上醒来后，一眼就可以看到街边的樱花，感受到季节的变化。

主卧室的右手边是一条运河，景色很优美，从右侧的窗户望出去，可以感受到季节的变化。

经窗户射入光线、感受
时光流逝的卧室

地板使用的是柚木原木地板，无论是色泽还是质
感都非常出众。整个卧室给人的感觉非常简洁。

建筑概要：
占地面积／300.12㎡
使用面积／96.47㎡
设计／石井秀树建筑设计事务所
名称／鹤岛之家

二层的卧室设计了一个大大的落地窗，从早到晚都会有阳光射入，把室内照得非常明亮。

楼梯间两侧的房间并没有安门，是一个连续的开放空间。以后等孩子大了，需要独立空间的时候，再安上门就好了。所以说，二楼的卧室其实是一个可变性的空间，可以根据家庭成员的需求作出相应的变化。

从楼梯上到二楼后，是一个连续的开放空间。按照计划，以后会安上门，分割成独立的空间。

充满存在感的家具和
具有艺术性的卧室

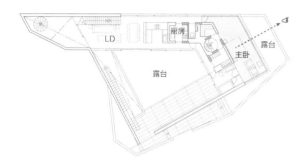

建筑概要：
占地面积／371.91m²
使用面积／211.98m²
设计／APOLLO
名称／SBD25

　　房主是一家经营现代风家具贸易公司的老板。他在委托设计时要求，一定要选用专业家具设计师设计的具有存在感的家具，同时还要在住宅内体现现代风元素。鉴于此，建筑师在设计卧室时特意采用了中性设计和留白手法，给人非常舒适的感觉。

　　卧室内的建材选用的是很有质感的柚木板和细长条瓷砖，既满足了房主的要求，又不张扬。

卧室开设了整面的落地窗，可以望见窗外满眼的绿色。如果房主喜欢的话，还可以将卧室调整为客厅来使用。

清风拂面、阳光洒落，像阁楼一样的卧室

建筑概要：
占地面积／396.81㎡
使用面积／121.87㎡
设计／石井秀树建筑设计事务所
名称／锯南之家

锯南之家的卧室位于二层，顶棚高度很低，类似于一个阁楼，既具有隐秘性，又具有开放感。人住在里面的感受也是非常舒适。此外，从卧室沿着楼梯望下去，可以直接看到室外的景物，所以有一种开放感。

一层客厅与主屋顶相连，从住宅周边的田园吹来的微风可以穿堂而过，和煦的阳光也可透过窗户洒到客厅内。

此图是从客厅仰视的场景。客厅与二层的卧室没有任何墙壁，是一个连续的空间，微风可以穿堂而过，阳光也可以洒进来。

木板铺设的屋顶充分保留了原木的质感，同时又确保了与一层的连续性。卧室的顶棚很低，给人一种非常舒适的隐秘感，但从卧室顺着楼梯向下望时，又会给人一种压倒性的开放感。

想要一张像沙发一样可以让人足够放松的床

建筑概要：
占地面积／34.10㎡
使用面积／35.65㎡
设计／Niko设计室
名称／饭岛之家

　　房主在委托设计时希望能够将床当作沙发来使用，所以建筑师特意在靠窗的地方设计了一个长条桌。长条桌类似于酒吧的吧台，上面可以放一些酒水等，供房主在放松的时候享用。

　　此外，曲面顶棚上的梁也都裸露着，给人一种树屋的感觉。可以作为卧室帮助房主消除一天的疲劳，可以作为宽敞的客厅供房主获得更多乐趣。

卧室墙壁使用的是暖色调的深红色漆，营造出非常放松的氛围。这样一来，卧室已经不再单是一个睡觉的地方，同时也变成了一个可以休闲放松的场所。

稳重的内部装饰提升了卧室的休闲放松效果。日落之后，灯光经过墙壁和顶棚的反射营造出更加休闲放松的感觉。

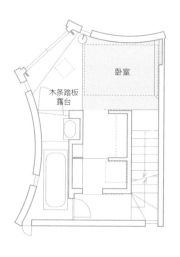

卧室

木条踏板
露台

由木头和水泥所
构成的温暖空间

建筑概要：
占地面积／691.00㎡
使用面积／131.77㎡
设计／MDS一级建筑士事务所
名称／八岳山庄

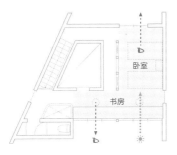

一对老夫妇离开了自己住惯了的地方，重新选址为自己建了一栋人生中最后的别墅，这就是八岳山庄。此块建筑用地的一大优点是能够望见雄伟的南阿尔卑斯山。

为了最大程度地接受阳光，住宅设计成扇形，冬暖夏凉，住起来非常舒适。朝东的窗户使用的是具有现代艺术美感的纸拉窗，上面糊着和纸，可以将早晨的阳光变得更加柔和。窗边设计了一张长条桌，可以被活用为工作空间。

窗边设计的长条桌可作为工作空间使用。经过和纸的阻拦，从窗户透进的阳光已经变得非常柔和。

柱子和家具使用的都是产自当地的木材。纸拉窗也在传统样式的基础上进行了改造，使其更具有现代艺术美感。关上纸拉窗，透过和纸射入的是柔和的光线；拉开纸拉窗，映入眼帘的是壮观的风景。

只有珍爱的书和
自己的围合景色

建筑概要：
占地面积／1082.04㎡
使用面积／132.95㎡
设计／On Design Partners
名称／near window

　　这是一栋专门供房主度周末用的别墅。别墅周围的景致非常美丽。为了让每一个房间都能看到优美的景致，建筑师在所有的房间全都设计了大窗户。

　　书房是一个细长形的空间，两侧是直达顶棚的书架，上面摆满了房主的藏书。书房的前后开设了窗户，住户可以欣赏到室外的景色。书架的层间高度按照藏书的高度来设计，在摆上书后看起来非常美观。此外，复古风的吊灯也是书房的一大亮点。

书架的层间高度按照藏书的高度来设计，可以将房主的爱书非常美观地展示出来。复古风的吊灯也是书房的一大亮点。

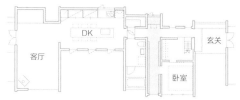

透过细长的窗户可以欣赏到室外的美丽景色，令人禁不住产生愿在这里长居下去的想法。书架上整整齐齐地摆放着成排的藏书。

可以安静读书的我家"图书馆"

建筑概要：
占地面积／305.01㎡
使用面积／199.78㎡
设计／八岛建筑设计事务所
名称／牛久之家

　　房主在对新居进行委托设计时希望能够在客厅中划出一块工作区域来摆放孩子的学习桌和电脑，并要求不要有杂乱的感觉。鉴于此，建筑师特意在大的单室空间的中心部位设计了一个图书室。

　　图书室的地面要比客厅和卧室高出一截，周围是矮的书架，地上铺着绒毯。家人可以坐在地板上，或者直接躺在地板上去读书，充分享受读书的乐趣。

图书室的桌子直接镶在了墙壁上。为了不让电脑和打印机等杂七杂八的东西看起来特别凌乱，在图书室内的视觉死角部位设计了收纳家具。

既能玩滑板又能
弹钢琴的房间

建筑概要：
占地面积／87.98㎡
使用面积／149.16㎡
设计／LEVEL Architects
名称／涩谷住宅

房主夫妻俩的兴趣爱好不同，一个喜欢滑板，一个喜欢弹钢琴，所以建筑师在住宅内特意设计了两间兴趣室，一间是带有滑板坡岸的滑板室，一间是钢琴房。

在滑板室内挖了一个深约1米的滑板坡岸，房主可以在里面玩滑板。再往里是一间具有良好隔音性能的钢琴房，高出地面大约60厘米。如果将钢琴房的隔音门全部拉开的话，那钢琴房就变成了一个舞台，而滑板室的坡岸则变成了观众席。

滑板坡岸呈椭圆形，房主亲自试滑多次之后才最终确定的角度，当钢琴房的隔音门全部拉开的话，滑板坡岸就会变成观众席。

051

水平延伸的窗子让你感觉整个天空都是你的

建筑概要：
占地面积／127.30㎡
使用面积／159.95㎡
设计／都留理子建筑设计工作室
名称／下连雀0邸

此栋住宅的建筑用地的一大优点是毗邻一座寺庙。为了充分利用这一优点，建筑师特意将牵扯到个人隐私的房间设计在高处。外人看不到房间里面的事，而房间内的人却可以透过窗户欣赏到室外绿色的风景。

位于三层的书房很有个性，特意根据坐在桌旁的人的视线设计了窗户。坐在水平延伸的窗户下方，宛如漂浮在宇宙中一般，给人一种独占整个天空的感觉。

三层的书房隐私性很强，装修非常简单，透过窗户可以看到美丽的蔚蓝天空。

就连阴影也有表情
的白色客厅

建筑概要：

占地面积／118.36㎡
使用面积／84.22㎡
设计／APOLLO
名称／ARROW

从外推式天窗照进来的光线在斜坡屋
顶上制造出美妙的阴影效果。

　　此栋住宅的一层部分区域作为写真
工作室来使用。不过，整栋住宅都有自然
光射入，除工作室以外的区域一样可以被
用来摄影，这也是这栋住宅的一大特征。

LDK位于二层，上部开设了大的天窗，虽
然整个房间比较狭长，但依然给人非常明
亮的感觉。

用舒适的闭塞感
来提升注意力

建筑概要：
占地面积／120.52㎡
使用面积／87.27㎡
设计／石井秀树建筑设计事务所
名称／贯井之家

贯井之家是一栋尽量不使用间壁墙的全贯通式住宅。学习室（电脑房）设在客厅的旁边，而且与客厅形成鲜明的对比。这种对比使人更愿意待在学习室内，而且舒适的闭塞感又可以提升人的注意力。

自由空间

厨房

电脑房

露台

学习室有效利用室内的墙壁，将使用面积约为93㎡的整个室内空间纵向联系在一起，营造出非常舒适的居住感受。

在走廊中设立的学习室

建筑概要：
占地面积／64.71㎡
使用面积／93.44㎡
设计／APOLLO
名称／BRUN

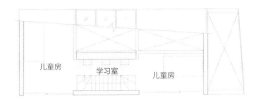

此栋住宅将连接二、三层的室内贯通空间和面向楼梯的三层走廊空间活用起来，设计成带有固定桌板的学习室。学习室的两端是儿童房，给人一种非常高级的顶层住宅的感觉。住户可以一边享受着从大大的窗户透过的自然光，一边沉浸于自己的爱好之中，任由时间悄悄地流逝。

视野的尽头是充满绿意的和室

建筑概要：
占地面积／199.60㎡
使用面积／142.98㎡
设计／村田淳建筑研究室
名称／浦和的两个家

　　"L"形的连廊对和室形成了半包围之势，如果将和室的纸拉窗全部撤掉的话，整个和室就会变成一种半户外的状态。坐在和室内铺设的榻榻米上，视线会变得很低，很容易就会生出和庭院融为一体的感觉。

　　建筑师对庭院下了很大的功夫。随着季节的变化，庭院的颜色也会发生相应的改变，给室内带来不一样的变化。在春暖花开的季节，房主可以将纸拉窗全部撤掉，然后自由自在地躺在榻榻米上，不知不觉间就会沉入假寐的舒服状态。

在和室内能够充分体会到与大自然融为一体的感觉。围着和室而建的连廊一直延伸到隔壁的房间。

正对樱花树的和室客房

建筑概要：
占地面积／259.05㎡
使用面积／171.20㎡
设计／LEVEL Architects
名称／东武动物公园的两代人住宅

这是一栋两代人住宅，客房被设计成日式风格。透过客房的窗户可以望见窗外美丽的樱花。

壁龛的柱子使用樱花木。室内的拉门和拉窗贴着樱花色的和纸。整体色调非常统一。顶棚使用桐木胶合板，中间部位特意做得凹进去一部分用来安装电灯。柔和的间接照明给客房增添了温馨的感觉。

客房正对着玄关的水泥地面，有种单门独户的感觉。门口涂着亚光黑色涂料。

雅而不华的现代风和室

建筑概要：
占地面积／44.57㎡
使用面积／101.44㎡
设计／APOLLO
名称／LATTICE

　　此栋住宅只有白与黑两个色调。各房间的地板和楼梯的踏步板全部使用白蜡木，表面刷黑色亮油，很好地表现出原木的质感。

　　一层和室门口的上部没有使用直角，而是特意做出了一定的弧度。这一细节设计降低了混凝土墙壁的冷硬感，同时也给传统和室增添了新元素。此外，涂刷过的顶棚和墙壁在间接照明的映照下会呈现出柔和的材料质感。

白色的墙壁加黑色的地板。整栋住宅只有白与黑这两个色调。家具和拉门、拉窗使用的都是具有美丽木纹的蔷薇木板材。

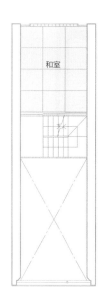

和室

间接照明营造出柔和的室内空间。

明与暗、宽与窄，体味不一样的乐趣

建筑概要:
占地面积／191.23㎡
使用面积／187.19㎡（不含阁楼）
设计／充综合计划一级建筑士事务所
名称／FOLD

这是一栋两代人住宅。二层是晚辈住的空间，其中设计了一个4榻榻米（1榻榻米为1.62平方米）大小的小客厅，内部铺着无边榻榻米，体现出现代风的设计理念。另外，这一客厅并不经常使用，所以又透着一股非日常空间的氛围。

小客厅与大客厅之间夹着一段楼梯。大客厅的顶棚很高，而且是斜顶棚。整栋住宅存在着明与暗、动与静的张弛变化。一跨进小客厅，人们立刻会产生一种非常舒适的紧张感，而这也正是此栋住宅的一大亮点。

小客厅的墙壁抹的是呈现出温暖质感的硅藻泥。顶棚使用椴木胶合板，部分横梁裸露在外。小客厅虽然仅有4榻榻米大小，但给人的感觉却是远远超出4榻榻米的舒适感。

带大窗户的铺地毯
儿童房

透过儿童房的大窗户可以眺望住宅周围繁茂的绿
树。整个房间内都铺设着柔软的地毯，小孩子可以
在里面安全地玩耍。

建筑概要：
占地面积／65.1㎡
使用面积／129.12㎡
设计／都留理子建筑设计工作室
名称／下作延K邸

此栋住宅的儿童房所在的楼层高出邻居家的屋顶，是一个眺望室外景色的绝佳场所。为了更便于欣赏室外的风景，整面朝南的墙壁全部设计成窗户。

儿童房内铺设柔软的地毯，孩子们可以直接坐在地板上玩耍。此外，楼梯的扶手也贴了同样的地毯，无论在触觉上还是视觉上都体现出连续性。儿童房中央有一个很大的台子，周边也都铺着地毯，既可以当作孩子们玩耍用的滑梯，又有助于培养孩子们的创造性。

色彩、温度、触感……框子外面的不同世界

建筑概要：
占地面积／162.16m²
使用面积／121.10m²
设计／Niko设计室
名称／中泽的家

这是建筑师特意为房主家的两个小女儿设计的儿童房。为了营造出在大街上的感觉，走廊铺的是室外露台才会使用的建材，内墙用的也是外墙才会使用的粗糙涂料。

建筑师在儿童房和走廊之间的墙壁上挖了一个方形的框子，孩子们可以自由地从这里爬进爬出，也可以趴在上面玩耍。整个儿童房主要是深蓝色和浓茶色两种色调，与室外明亮的走廊形成鲜明对比，营造出非常具有跳跃性的感觉。

因为房主家的孩子还小，暂时还没有必要为她们保留独立空间，所以建筑师就在墙上开了个框子供孩子们爬进爬出玩耍。而且高度也设计得恰到好处，刚好到孩子们的腰部，趴在上面正合适。

把阁楼变成孩子们的"秘密基地"

建筑概要：
占地面积／135.44㎡
使用面积／121.70㎡
设计／LEVEL Architects
名称／大船住宅

一层的儿童房与玄关旁边的室内阳台连成一体，变成了孩子们的游乐场。儿童房的地板比室内阳台稍高，可以当作室内阳台的长椅来使用。按照房主的想法，将来会在儿童房与室内阳台之间加一道隔断墙，给两个女儿分出两个独立的空间。

此外，由于此栋住宅的顶棚很高，所以建筑师设计了一个阁楼，这也成为孩子们的玩耍空间。阁楼朝向客厅方向有个很大的开口，虽然阁楼上的声音和情形在客厅内都可以听到或看到，但对孩子们来说，阁楼却是一个很能保护她们隐私的"秘密基地"。

室内阳台是所有家庭成员都可以自由使用的空间。大人们可以在室内阳台培养自己的兴趣爱好，孩子们可以把室内阳台当作自己的游乐场。

阁楼位于厨房的正上方，内部贴着北欧风格的壁纸。阁楼地板距离顶棚的高度恰到好处，形成了一个宛如"秘密基地"般的私密空间。

面朝连廊的明亮
儿童房

建筑概要：
占地面积／218.18㎡
使用面积／149.94㎡
设计／直井建筑设计事务所
名称／凹之家

阳光可以从连廊射入儿童房，给人
室内与室外紧密相连的感觉。

　　此栋住宅住着一家四口，位于郊外的
住宅区。房主在委托设计时提出了"家人
可以聚在一起快乐地用餐""可以眺望像
杂木林一样的庭院"和"便于收拾打理，
功能性要强"等要求。

　　鉴于此，建筑师在设计时特意去除了
部分屋顶，在房子中间插入了一个连廊。
连廊紧挨着儿童房，孩子们可以在连廊和
儿童房内跑进跑出，快乐地玩耍。

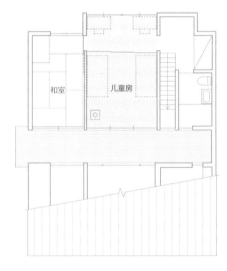

和室

儿童房

可以轻松落座的
儿童空间

建筑概要：
使用面积／95.4㎡（仅包括晚辈所用的楼层）
设计／ageha.
名称／passage

　　这是一栋两代人住宅，房主对晚辈所住的楼层进行了整体改造。住宅建筑用地的位置不错，紧挨一座公园。建筑师把LDK打造成一个让人心情愉悦的舒适空间，坐在LDK内就可以欣赏到公园的美景。

　　此外，由于孩子们都还小，所以没有单独为他们设计单间，而是在LDK内划出一块区域，做成一个半开放的小空间，既可以供孩子们在这里玩耍，又可以供他们在此学习。

整栋住宅没有设计一个独立房间，而是把所有房间全部打通。在室内的任何一个部位，风都可以顺畅地吹过。此外，建筑师在设计时还最大化地利用了建筑用地毗邻公园这一优点，努力做到让住户坐在室内就可以欣赏到公园的景色。

适合你的美居餐椅

哪怕是选择每条腿设计得都不一样的餐椅，
那也是一种乐趣

1

2

3

1. Standard SP
用强化塑料和钢材重现让·普鲁韦（Jean Prouvé）
的椅子杰作。
￥49 000（hhstyle.com青山总店）

2. CH24 / Y Chair
Y字形的靠背和手工编织的纸绳座面受到世界各国民
众的喜爱。
￥79 000~（Carl Hansen & Son Japan）

3. Wang
既沿袭了中国传统椅子的样式，又融入了现代元素。
￥147 000（TIME&STYLE）

4. Seven Chair
椅面和靠背由平滑的曲面胶合板制成，整体造型非常
匀称，是不朽的杰作。
￥49 000~（Fritz Hansen）

5. Tip Ton
前脚的倾斜仅有九度，可以确保落座者的骨盆
和背骨处在健康的位置。
￥26 000（hhstyle.com青山总店）

6. Roundish
深泽直人的作品。靠背的曲面吻合身体的生理
曲线，坐起来非常舒适。
￥74 000（MARUNI木工）

7. DSW
DSW是designers chair的代名词，木制椅腿
给人温暖的感觉，坐上去的感觉非常舒服。
￥54 000~（hhstyle.com青山总店）

建筑师的建议

椅子座面的高度哪怕只差一二厘米，
给人的感觉也会大不相同，所以在挑选椅
子时，一定要亲自坐一下、感受一下。尤
其是在购买一些进口椅子时，这一点尤其
重要。（On design partners · 西田司）

在落座或者搞卫生时，能够轻松搬动
或者拎起来的椅子用起来会更方便一些，
所以最好选择那些哪怕是小孩子也能轻松
搬动的椅子。（奥野公章建筑设计室 · 奥
野公章）

餐椅的风格和尺寸等一定要与餐桌搭
配。在挑选扶手椅时，最好脱掉鞋子去试
坐一下，试试两侧的扶手是否适合自己。
（桑原茂建筑设计事务所 · 桑原茂）

适合你的美居餐桌

餐桌是用餐和交谈的场所

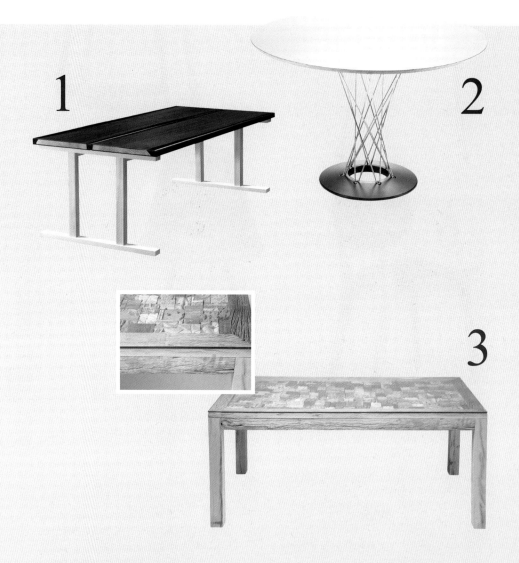

1. **Established&SONS Udukuri**
利用传统技术制成的日式带木纹餐桌。
¥3 956 000
（TOYO KITCHEN STYLE）

2. **Isamu · Noguchi餐桌**
螺旋交叉的桌腿给人印象派的感觉。
Φ=120cm ¥362 000
（hhstyle.com青山总店）

3. **Memory Dining Table**
桌面板最上层铺了一层带有雕刻或经年变化的木片，表情非常丰富。
¥188 000
（TOYO KITCHEN STYLE）

4

5

6

建筑师的建议

  餐桌的尺寸和风格要与房间的照明、地板的材料，以及其他的家具等相匹配。要把它放在整个空间中去考虑，尤其是在餐桌周边还有其他家具时。我建议大家在挑选餐桌时最好先和建筑师商量一下。（H.A.S.Market·长谷部勉）

  坐在餐桌两侧的人的距离感，如果不亲身试一下的话，是不可能知道的，所以我建议在挑选餐桌时最好两个人同行，体会一下两人坐下去后的感受。（APOLLO·黑崎敏）

  在挑选餐桌之前一定要仔细确认餐桌的长宽高，尤其要考虑能否进得进家门，一定不要出现"过道太窄了，搬不进来"等情况的发生。（直井建筑设计事务所·直井克敏）

4. **fundamental furniture餐桌**
  每个桌腿由四边形的木框构成，重量很轻，可以随意地变动桌腿的位置。
￥140 000～（BULIDING）

5. **T.U.**
  此款餐桌有三种颜色的桌腿和三种颜色的桌面，可以自由组合，既雅致又时尚。
￥238 000～（ligne roset tokyo）

6. **NETO TABLE**
  蔷薇木的桌面，木纹非常漂亮。从容大气的单条桌腿显得很有存在感。
￥1 230 000（Minotti COURT）

1-3　半屋外

中庭、阳台、露台

　　有充足阳光的露台和站在厨房内也可以看到的室外中庭。

　　能够感受到大自然的住宅会让你的每一天都变得丰富多彩。

在宽敞的屋顶上欣赏
满眼的绿意

建筑概要：
占地面积／186.84㎡
使用面积／201.58㎡
设计／村田淳建筑研究室
名称／中海岸的中庭住宅

屋顶庭院

露台

　　这是一栋两代人住宅，为了在平时也可以欣赏到绿意，建筑师特意在三楼上面的楼顶上设计了一个庭院。庭院中种植着家庭成员喜欢的花草，还种植了一些蔬菜和水果。庭院旁边有一个宽敞的露台，遮阳伞底下布置着桌椅，从庭院采摘的蔬菜水果可以直接在这里享用。

　　此外，植物的蒸腾作用和土壤的隔热效果降低了住宅的热负荷，在夏天可以减少空调的使用。此栋住宅绿色环保的设计理念受到很多人的关注。

楼顶上种植植物提升了住宅的隔热性能。站在屋顶的庭院内可以极目远眺，同时还可以感受到四季的变化。

让住户在住宅内也能有
宛如走在大街上的感觉

在住宅用地的中心部位设计了杂木林，给室内
带来了充足的光照，同时也使得住户在室内就
可以感受到大自然的气息。

建筑概要：
占地面积／268.08㎡
使用面积／126.52㎡
设计／石井秀树建筑设计事务所
名称／东村山之家

卧室

LDK

　　房主在委托设计时希望在新居内能够过自由自在的生活。鉴于此，建筑师特意在住宅中设计了三处像杂木林一样的中庭。住宅内不同质感的地板和不同高度的地面，使得住户走在住宅中会产生宛如走在大街上的感觉。

　　为了让住户在住宅中的任何一个部位都可以看到中庭，感受到季节的变化，建筑师将所有的房间全部设计在中庭周边。

被墙壁所包围的、开口部位不安装玻璃的"素土阳台"

建筑概要：
占地面积／112㎡
使用面积／72.84㎡
设计／Niko设计室
名称／鹭巢之家

　　此栋住宅的建筑用地呈椭圆形，位于街道的拐角处。为了保护住户的隐私，建筑师特意设计了一堵很大的曲线形外墙。

　　住宅与外墙之间的空间种植了树木。所选择的树种不会长得太高，最高大约可长到二楼。这样一来，在住宅和墙壁之间就形成了一个"素土阳台"。曲线形的外墙将街道与住宅隔开，而墙壁上不安装玻璃的开口部位又将街道和住宅相连。分隔与相连处理得恰到好处。因此，虽然房子位于住宅密集区，但住户依然可以过安稳且有隐私的生活。

住宅与外墙之间的空间被活用成"半外部空间"，顶部不设屋顶，可以获得充足的自然光。

糅合了现代元素的和式中庭

建筑概要：
占地面积／120.96㎡
使用面积／111.46㎡
设计／LEVEL Architects
名称／八云住宅

　　为了确保住宅的采光，建筑师特意设计了一个中庭。无论是从客厅还是从和室，都可以看到这个中庭。整个中庭是一个立体的景观，店面铺着铁平石的薄石板来充当踏脚石，种植的树木主要有御殿场樱花、鸡爪槭、紫竹、光蜡树等，树下种植着木贼和麦冬等，体现出日式庭院的感觉。

　　中庭使用的都是细砂土，表面非常容易干结，使得杂草很难生长，所以打理起来非常容易。

透过客厅的大窗户可以看到中庭。

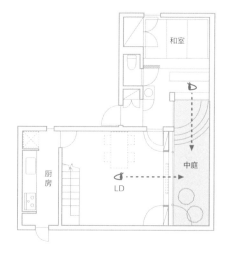

被用作第二客厅的 "夹缝阳台"

建筑概要：
占地面积／72.65㎡
使用面积／98.60㎡
设计／都留理子建筑设计工作室
名称／世田谷S邸

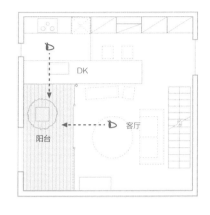

房主有一个梦想，希望在新居内能有一个和友人团聚的LDK和阳台。鉴于此，建筑师在一层为他设计了一个很大的LDK，而且LDK的地板一直延伸到室外的墙根下。这样一来，在住宅和外墙的夹缝间就形成了一个铺着木地板的小阳台。

在节假日，家人有时会在小阳台上用餐，所以小阳台发挥着"第二客厅"的作用。此外，小阳台外侧的墙壁很高，上面随意开设了一些窗口，仰头可以看到天空，风也可以自由吹过，居住起来非常舒适。

从客厅内望出去，小阳台内充满自然光，给人中庭一样的感觉。

将所有房间连成
一体的室外楼梯

建筑概要:
占地面积／108.9㎡
使用面积／70.86㎡
设计／佐藤宏尚建筑设计事务所
名称／K box

　　这是一栋将连廊和楼梯等居室以外的元素全部设计在屋外的独特建筑。连廊和楼梯设计在了建筑用地的中央部位，无论从哪个房间望出去视野都很开阔，让人心情舒畅。

　　由于连廊和楼梯全部位于室外，所以在串门的时候必须要走到室外才行。不过，站在连廊或楼梯上可以看到任何一个房间。连廊和楼梯起到了将家庭成员联系到一起的作用。

这是从客厅望出去的视野，非常开阔，同时又很好地保护了各个居室的隐私。

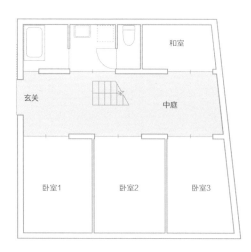

被精心设计的外墙所环绕的疗愈系小庭院

建筑概要：
占地面积／110.00㎡
使用面积／94.60㎡
设计／石井秀树建筑设计事务所
名称／石神井台之家

此栋住宅的客房位于客厅旁边，用纸拉门相隔。在平时，纸拉门都是拉开状态，客房与客厅被当作一个空间来使用。来客人时，将纸拉门拉上，就会形成一个非常舒适的单人间。

客厅和榻榻米房间在朝向小庭院的一侧开设了一面大窗户。外墙上星星点点地设计了一些长方形的狭缝。这样一来，既可以保护住户的隐私，又能起到通风透光的作用。带有狭缝的墙壁和小庭院共同营造出开放式住宅的感觉。

小庭院内铺着白色碎石，在白天受到阳光照射后会显得更加明亮，在夜晚则会显得宁静安详。

利用大的中庭,无论何时都可以感受到光亮和大自然的气息

建筑概要:
占地面积 / 257.54㎡
使用面积 / 203.08㎡
设计 / APOLLO
名称 / SHIFT

大的窗户和中庭使得整栋住宅都充满了明亮的阳光。

此栋住宅位于郊外,有在市中心难以感受到的舒适的空气流动。住宅内特意预留了一块区域,以备将来女主人开设瑜伽教室时使用。在此栋住宅中,无论是住宅区域,还是瑜伽教室区域,都拥有良好的光照和通透感。

此栋住宅最大的特点就是在建筑物的中央部位设计了一个大的中庭。跃层式居室围绕中庭而建,既确保了居室的环状贯通性,又提升了住宅的机能。

柜台式的厨房操作台。女主人可以一边做饭,一边欣赏中庭内的景致。虽然厨房的空间比较狭小,但不会给人丝毫的闭塞感。

利用中庭来保护
住户的隐私

建筑概要：
占地面积／727.22㎡
使用面积／199.27㎡
设计／八岛建筑设计事务所
名称／鸭居之家

户主在委托设计时希望新居能够充分保护自身的隐私。鉴于此，建筑师借鉴温泉旅馆的设计理念，在住宅中央部位设计了一个中庭，然后将作为公共区域的LDK和私人区域的卧室分别设计在了中庭的两侧。

此外，在朝向中庭的一个角上还设计了一个带屋顶的阳台，被活用为室外客厅。阳台采用全开放式结构，没有在外侧再设计墙壁。

日落之后，对面卧室露出的灯光给中庭营造出梦幻般的感觉，呈现出与白天完全不同的表情。

住户可以穿过中庭，在客厅和卧室间往来。

东侧的狭缝可以在忙碌的日子里多一丝休闲

建筑概要：
占地面积／95.87㎡
使用面积／103.87㎡
设计／直井建筑设计事务所
名称／Y邸

　　此栋住宅的房主夫妇每天都非常忙，在家中的时间十分有限。为了让他们在有限的居家时间里能够尽快放松下来、恢复精神，建筑师特意设计了一条贯通南北的狭缝。狭缝既可以保护住户的隐私，又营造出一定的开放感。

　　狭缝位于建筑物的东侧，增强了室内与室外的联系。阳光可以通过狭缝直接照射到室内的连廊、餐厅和一层，而从室内的生活空间望出去，却不会看到任何多余的东西。住在这样的住宅内，房主夫妇可以一边看着天空，一边放松自己的心情。

多亏了这道狭缝，住宅内所有的房间都可以有阳光射入、有风吹过。此栋住宅的建筑用地本来面积就不大，在有限的面积上通过开通狭缝来解除住宅的闭塞感，使其成为一栋舒适的住宅。

在夜晚，各房间透出的灯光穿过狭缝照到连廊内，在连廊空间营造出丰富的表情，同时还可以让住户感受到其他家人的存在。

与户外相连的
深屋檐阳台

建筑概要：
占地面积／125.47㎡
使用面积／78.54㎡
设计／imajo design
名称／町田之家

此栋住宅有一个"L"形的阳台，纵深1.8米，宽1.1米。露台上方设计了非常深的屋檐，用来遮阳和挡雨。住户可以坐在屋檐下用一些便餐或喝茶等。

客厅与阳台的顶棚高度相同。在客厅使用了直达顶棚的大窗户，增强了室内与室外的联系性。阳台外周的部分位置配置了墙壁，使得阳台成为连接户外与室内的中间区域。

除了用于出入的大门外，客厅面对阳台的两侧全部使用了嵌入式的不可开启的玻璃窗，而且尽力压减窗框的存在感，借此减少室内与室外的距离感。

为了便于眺望和通风，在室内的对角位置全都是相同尺寸的窗户。固定玻璃窗与拉门组合使用，而且全部由钢材制成。

可以穿过屋顶眺望天空的第二LD（客厅/餐厅）

建筑概要：
占地面积／303.16㎡
使用面积／110.90㎡
设计／石井秀树建筑设计事务所
名称／箱森町之家

　　为了满足住户希望在日常生活中也可以感受到天空的愿望，建筑师特意采用了将天空引入屋内的设计手法，在南侧屋顶上方做了开口，这样就可以时时刻刻感受到天空了。在开口的下方铺设了一直延伸到室内的露台。

　　开口的边缘特意设计得比较锋利，这样可以把天空衬托得更加美丽，也可以让人感觉离天空更近。房主现在正在期待着把开口下面的露台用作第二客厅与餐厅。

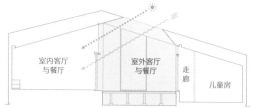

室外露台的面积与室内客厅和餐厅的总面积相同，因此室外露台被冠以了室外客厅与餐厅的名字。室外露台和室内客厅与餐厅可以选择使用。

可以做舒心交流的
自由空间

建筑概要：
占地面积／166.96㎡
使用面积／217.28㎡
设计／Niko设计室
名称／ISANA

　　此栋住宅除去供房主自己居住的房间外，还有六间出租屋。房主在委托设计时明确提出，不希望租户住进来之后因缺少交流而相互陌生。他希望租户能够经常碰面，并且能够轻松愉快地交流。鉴于此，建筑师特意在住宅中设计了一个中庭，所有房间的玄关和楼梯全部朝向中庭。这样一来，大家见面的机会自然就多了。等时间一长，彼此熟悉后，相互间的交流自然也就变多了。

　　此外，此栋住宅还设计了很深的屋檐，即便在雨天，租户也可以在屋檐下自由地经过。

中庭是租户们的交流空间，既具有恰到好处的距离感，又可以进行自然地交流。

单纯从外观上看，整栋住宅就宛如由很多个小房子聚集在一起而成。小房子内住着不同的租户，在室内他们过着各自的生活，在中庭内他们可以愉快地交流。

让客厅的视野更开阔的 "L" 形露台

建筑概要：
占地面积／135.44㎡
使用面积／121.70㎡
设计／LEVEL Architects
名称／大船住宅

"L" 形露台的外侧围绕着围墙，住宅的隐私性大幅提升。中庭是连通客厅与户外的中间区域，内部种植着单株 "象征树"（译者注：日式庭院中作为庭院象征的高大树木）。

露台是半户外结构，很受孩子们欢迎。晴天的时候，孩子们会愉快地在室内和露台上跑来跑去。此外，从客厅望出去的视野非常开阔，给人很宽敞的感觉。

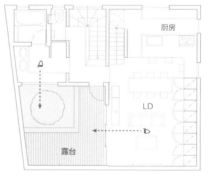

如果将客厅的窗户全部打开，整个露台都会变成客厅的延伸空间，给人的感觉更加宽敞。此外，露台外侧的墙壁起到了遮挡外部视线的作用，提升了室内的隐私性。

大小不一的阳台

此栋住宅位于离海很近的开放区域，每到夏天，身着泳衣的人会在住宅前的大街上走来走去。鉴于此，建筑师特意设计了多个阳台，并将庭院与阳台巧妙地活用起来，同时还有效利用建筑用地的开放属性，积极融入外部环境，让住户能够和游客一起享受海边的快乐生活。

阳台的大小不一，可以把住户从室内吸引到阳台上，让住户充分享受海风的吹拂和阳光的照射。此外，在阳台的帮助下，住宅内的生活场所、住户的生活和活动方式也都有了更多的选择。

建筑概要：
占地面积／113.33m²
使用面积／97.68m²
设计／On Design Partners
名称／Terrace House

简装小阳台　阳台　日光房
阳台

建筑师设计了各种各样尺寸的阳台，使得每个房间都有了独特个性。

根据当地的习惯，在屋前可以做园艺，也可以举行烧烤派对或冲凉水澡等。每个房间都设计了个性鲜明的阳台，增强了室内与室外的连系。

透过窗户可以看到满眼的绿色

建筑概要：

占地面积／189.23㎡
使用面积／133.31㎡
设计／村田淳建筑研究室
名称／成田东的中庭住宅

这是一栋"U"形中庭住宅。带有木质窗框的玻璃窗关上后，满眼生机盎然的绿意会透过窗户映到屋里来。

从客厅或卧室可以直接进入中庭。中庭内主树木的周围铺设了连廊，连廊空间可以作为室内的延伸来使用。

这是一栋可以直接享受到绿色生活的中庭住宅。连廊和室内的地板处于同一水平面，出入方便。

带有天窗的露台
是对室内的延伸

建筑概要:

占地面积／150.80㎡
使用面积／139.94㎡
设计／村田淳建筑研究室
名称／浦和的两个家

露台位于二层的兴趣室与和室之间，比较宽敞，而且顶部设计了密闭式的玻璃天窗，给人很安心的感觉。

露台被天窗、顶棚和墙壁包围着，整体风格比较沉稳。露台可以被当作室内的延伸空间来使用。等数年后中庭内的植物长大了，整个露台就会变成一个充满绿意的空间。

大自然的变化会映射到中庭的墙壁上

建筑概要：
占地面积／231.7㎡
使用面积／98.1㎡
设计／MDS一级建筑士事务所
名称／冈崎之家

此栋住宅的建筑用地呈南北向，而且比较长。户主在委托设计时特意提出想要一个中庭，所以建筑师就给设计了一个中庭，而且与卧室、客厅和浴室相连。

中庭的墙壁抹灰浆，看起来非常雅致，顶部开了一个很大的天窗，蓝色的天空可以透过窗户直接映射到中庭的墙壁上。

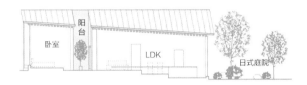

此栋住宅的内部空间无论是平面还是截面都非常富有变化。单面坡的屋顶，内部配简洁的斜顶棚。

两个半屋外空间使得
地下室也有了通透感

建筑概要：
占地面积／150.86m²
使用面积／207.74m²
设计／MDS一级建筑士事务所
名称／目白之家

此栋住宅的建筑用地的南侧和西侧毗邻小区内的道路，而且南侧的道路是一条死胡同。其实不只是此栋住宅，小区内的其他住宅也都是挨着各条道路而建。

为了保护住户的隐私，建筑师特意将客厅设计在地下，两侧各设计了一个和户外相连的中庭，使得客厅既不会有位于地下室的闭塞感，同时又宽敞明亮。

Chapter **2**

注重细部

2-1　窗户

光、风和绿的入口

　　窗户有采光、通风的功能，同时还可以让人眺望户外的景致。

　　在确保隐私的同时，通过对窗户进行巧妙的配置和设计，窗户也可以成为住宅的一大亮点。

充满漂浮感的房屋，透过
窗户可以望见森林

顶棚和墙壁涂了AEP亚光涂料，将从窗口射入的光线非
常柔和地反射到地板和榻榻米上。

建筑概要：
占地面积／197.09m²
使用面积／92.03m²
设计／石井秀树建筑设计事务所
名称／富士见丘之家

榻榻米平台

可望见森林
的房间

　　这是一栋可以望见森林的房间，在床边铺设了榻榻米的平台。窗户是横长形的大窗户。坐在沙发上望出去，不仅不会看到户外的地面，森林还会像全景画一样呈现在观者的眼前。此外，特意定制的固定窗的窗框将存在感压到了最低，整个窗框就如同屏幕一样将景色全都框在其中。

　　朝向窗户的顶棚特意设计成倾斜状态，使人进到这个房间后会不自觉地将目光投到窗户上。整个房间给人一种在森林之上的浮游感。

地面铺设了榉木（白蜡）地板，地板下安装了地暖。固定窗的钢质窗框是特制的。

把光线变得柔和的薄木片
门帘和拉门

整栋住宅是一栋跃层式平房建筑，从LD可以直接走到院子内。开口部位朝南，为了不让夏季的烈日晒到屋内，建筑师设计了很深的屋檐。

建筑概要：
占地面积／305.01m²
使用面积／199.78m²
设计／八岛建筑设计事务所
名称／牛久之家

此栋住宅的屋前是一个公园，LDK非常宽敞，坐在里面可以欣赏到公园的景色。不过，为了遮挡公园内游人望向室内的视线，建筑师在面向公园一侧特意使用了薄木片门帘。从室内望出去，屋外的景色隐约可见，看起来有一种花边窗帘的感觉。此外，建筑师还设计了很深的屋檐，可以恰到好处地将阳光遮挡到最柔和的状态。

为了抵御夜间的寒冷，建筑师设计了拉门，在窗台下方还安装了暖气片，住户一年到头都可以享受舒适的生活。

厨房、餐厅和客厅是一个整体空间。柳枝木的顶棚呈现出非常柔和的感觉。

在厨房内也可以欣赏到
如画美景

厨房内配备的是带洗涤槽的中岛操作台。灶具紧挨墙壁摆放。做饭
的人可以一边在厨房内洗涮，一边和客厅里的家人聊天，还可以欣
赏窗外的美丽景色。

建筑概要：

占地面积／65.1㎡
使用面积／129.12㎡
设计／都留理子建筑设计工作室
名称／下作延K邸

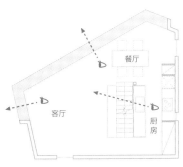

此栋住宅的建筑用地是一个不规则的四边形，周边环绕着大树。住宅的西北方设计了很大的开口部位，视野开阔，不仅可以将室外的景致引入室内，同时还可以让住户在眺望室外的景色时获得好心情，让住户得到充分的放松。

站在厨房内，眼前是一片如半景画般的浓重绿意，宛若置身森林之中。室内全部涂成了白色，设计没有丝毫多余。窗户如同画框一样起到了框景的作用。

除卧室和湿区外，所有的空间都连在一起，形成一个很大的独室空间。

利用东侧的窗户将公共绿地
变为"自家庭院"

巨大的白桦木餐桌设计独特，周围环绕着铺有榻榻米的长椅。建筑
师通过大量使用木材来营造出令人心情舒畅的居住感受。

建筑概要：
占地面积／92.65m²
使用面积／78.48m²
设计／Niko设计室
名称／三轮之家

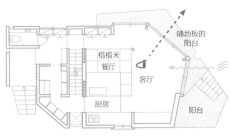

此栋住宅的建筑用地紧挨一块公共绿地，为了更好地利用这块绿地，建筑师将一层的地面提升到距地表1.4米的高度，通过LDK的大窗户营造出住宅与绿地融为一体的感觉。

客厅的开口部位使用木质门框或窗框，与放射状排列的顶棚横梁构成一个颇为自然的空间。此外，窗户的高度特意做了压低，给人营造出宛若被树木包围着的感觉，让人住在里面可以感到非常安心。

呈放射状排列的木质横梁，给现代风的空间增添了许多温柔的元素。

用推拉门将客厅
与阳台相连

住宅的外装比较简洁，但考虑到后期的维护，还是
使用了光触媒涂料，这样不仅不易沾染灰尘，手感
也会比较光滑。

建筑概要:
占地面积／274.64m²
使用面积／78.67m²
设计／APOLLO
名称／MUR

此栋住宅的建筑用地位于一处坡道的高处。建筑师在设计时，既要考虑抵消建筑用地的高低差，同时又要确保住宅能够保护隐私，此外还得考虑这是一栋平房，不能简单地设计成一个大的独室空间。

鉴于此，建筑师在室内设计了一些窄的过道，而且所有的过道最终都可以迂回到达LDK。大型的推拉门拉开后，LDK与主阳台会连成一个整体，形成更为宽敞的空间。

室内的墙壁抹硅藻泥。地面铺设厚度为28毫米的原木地板。住户可以从地板上观察到时光留下的痕迹。

利用多角度的房间朝向
来追赶太阳的脚步

无框窗户将住宅和户外景致融为一体。

建筑概要：
占地面积／1018.39㎡
使用面积／95.19㎡
设计／On Design Partners
名称／与风景相随的房间

为了和太阳的运行轨迹相符，建筑师将整栋住宅设计成扇形，而且每个房间开设了大窗户。这样一来，无论何时都可以有阳光直射到住宅内。大窗户把室外的森林和斜坡上的景色框了起来，如同画框般把室内装饰得更加美丽。

客厅使用了很多日式元素，例如和纸、榻榻米、竹席、硅藻泥等。此外，由于建筑用地的地面是一个斜坡，所以不同房间的地板高度也不相同。建筑师积极利用建筑用地的高度不同和凹凸不平等客观条件，巧妙构思，最终实现了在住宅内的任何一个房间都可以看到美丽的景致。

住宅巧妙使用了很多日式元素，而且还采用了最新式的地板采暖设备。室内配备柴火暖炉，可以让住户度过温暖舒适的冬天。

让人感觉离天更近的 1.5倍层高带开口阳台

建筑概要：

占地面积／155.77㎡
使用面积／207.06㎡
设计／佐藤宏尚建筑设计事务所
名称／段之公寓

这是一栋两层的木结构住宅，一楼由房东居住，二楼用来出租。由于二楼的部分区域的楼板高度不一，导致一楼房东所住房屋的顶棚高度也就各不相同。

一楼设计了1.5倍层高的半开放式阳台，上面开设了许多开口。在阳台下部有一个安装了窗户的小开口，主要用途是防止房东的爱猫跑到外面去。

整栋住宅由顶棚高度各不相同的空间组成，给住户的生活增添了跃动的乐趣。阳台与室内使用同样的装修材料，增强了室外与室内的一体感。

所有的高侧窗都呈开放状态，给人一种更接近于户外的感觉。下部的小开口安装了窗户，这主要是防止猫跑出去。

利用玄关门廊和露台来打通整个空间

建筑概要：
占地面积／96.92㎡
使用面积／77.47㎡
设计／MDS一级建筑士事务所
名称／富士见野之家

　　此栋住宅的建筑用地位于东京都近郊的一处住宅密集区。房主在委托设计时希望新居既能够阻挡近邻的视线、保护自家的隐私，又能够实现足够的使用面积。鉴于此，建筑师在斜线限制允许的范围内设计了最大限度的箱式楼体，然后利用玄关门廊和露台将整个空间打通，既确保了容积率，又保护了住户的隐私。

　　室内贯通部位开设了窗户，可以确保室内获得充足的光照和风，而且从窗户射进的阳光还可以在开放式的客厅投下阴影，让人时刻感受到时间的流逝。高侧窗的下部使用间接照明，给整个室内空间营造出更为多样的表情。

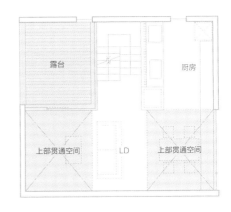

窗户的尺寸和开设的位置多种多样，使得室内形成了各种各样的独特空间。窗户既便于采光和通风，又能够挡住近邻的视线。

利用高侧窗来实现独特的开放感

建筑概要:
占地面积／86.06㎡
使用面积／134.78㎡
设计／H.A.S.Market
名称／MKH

客厅和餐厅所在空间的顶棚较高,而且形状也比较狭长。在住宅密集区,为了保护住户的隐私,通常会把顶棚设计得高一些,然后在四周的墙壁顶端开设连续的高侧窗。

从客厅的高侧窗望出去,只能看到邻家的屋顶和天空。同样的道理,外人在住宅外也看不到室内的情形。住户可以在家中自由地放松。

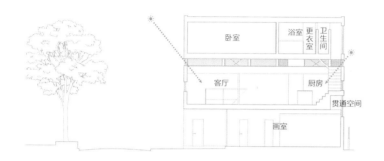

较高的顶棚和从高侧窗射入的光线营造出明亮的室内空间,显得很有开放感。

在中庭开设尺寸不一的窗户

建筑概要：
占地面积／92.65m²
使用面积／78.48m²
设计／Niko设计室
名称／鸿巢之家

　　建筑师在此栋住宅的中庭开设了不同风格和尺寸的窗户，不但给住宅营造出开放感，而且在关上窗户后窗框的组合也非常美观。木质窗框的固定玻璃窗和可闭合窗组合使用，开闭之间给中庭带来了跃动的感觉。

　　在此栋住宅中，中庭其实是被当作连廊来使用。中庭的地面特意设计得高了一些，这样哪怕是在二楼也能有紧挨着中庭的感觉。

中庭内的踏板使用的是具有良好耐水性的重蚁木木板。尺寸各异的窗户给中庭营造出跃动的感觉。

中庭被周围的房间包围着，呈"口"字形，上部没有加盖屋顶，直接朝向天空，没有丝毫压迫感，是一个让人心情愉快的空间。

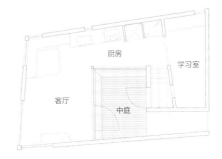

带有原木质感的美丽木质窗框可以多角度开启，是中庭的一大亮点。

拉开窗户后阳台和客厅就可连成一体

房主在委托设计时明确要求新居要借景旁边的绿地，而且要有一个富有特色的客厅。鉴于房主的要求，同时考虑到光照问题，建筑师最终将客厅设计在了二楼，而且还设计了一个在雨天也可以使用的有檐阳台。

客厅的窗户不会对观赏景色造成丝毫影响。拉开窗户后，有檐阳台会与客厅形成一个大的整体空间。有檐阳台的檐前挂着竹帘，在夏季可以遮挡日光。

建筑概要：
占地面积／228.36㎡
使用面积／249.55㎡
设计／八岛建筑设计事务所
名称／目黑之家

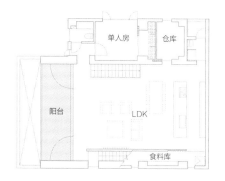

室内和有檐阳台使用了同样的装修材料，给人更为宽敞的感觉。

114

特意设计的供外人
看的阳台

建筑概要：
占地面积／138.18㎡
使用面积／156.63㎡
设计／MDS一级建筑士事务所
名称／蓟野之家

此栋住宅的建筑用地是将山林砍伐之后，在山坡上开辟出来的一块平地。由于地处半山腰，从室内望出去的视野非常开阔，但不太利于保护住户的隐私。鉴于此，建筑师特意将客厅等生活空间全部设计在二楼。

当外人从住宅前的道路上抬头往上望时，会看到由一根根横梁紧密排列组成的顶棚，会直接感受到木材的重量感。

在室外透过巨大的窗户可以看到室内的顶棚。顶棚起到了建筑物正面的作用。

室内阳台让客厅和室外产生恰到好处的距离感

建筑概要：

占地面积／61.82㎡
使用面积／90.34㎡
设计／imajo design
名称／小山台之家

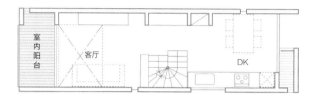

室内阳台　客厅　DK

这是一栋正面宽度仅有3.2米的狭窄住宅。建筑师在屋檐下设计了一个室内阳台，虽然客厅面积有所减少，但由于阳台很好地将室内和室外联系在一起，所以反而给人更为宽敞的感觉。下雨天，住户可以在阳台晾衣服，如果不晾衣服，搬把椅子，搬个凳子，在阳台上喝喝茶也是不错的选择。

室内阳台让客厅和室外产生恰到好处的距离感。虽然建筑用地很小，住宅也很狭小，但给人的感觉却很宽敞。

透过朝北的窗户可以
看见蔚蓝的天空

建筑概要：
占地面积／78.1㎡
使用面积／278.3㎡
设计／佐藤宏尚建筑设计事务所
名称／kitasawa-k

此栋住宅的客厅顶棚很高，建筑师利用高顶棚这一客观条件，在客厅旁边设计了大型的高侧窗。高侧窗位于墙壁高处，透过的光线非常充足，足以保持房间内的亮度，而且下部的空间还可以被用作储藏室或者展示架。

高侧窗避开了南向，特意设计在北边，这样既不会遮住光线，又可以透过窗户欣赏到蓝天。

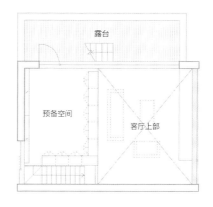

高侧窗使用的是亮闪闪的钢质窗框，不会对欣赏美丽天空造成丝毫影响。

窗户框起了美丽的户外景色

建筑概要：
占地面积／123.14㎡
使用面积／171.20㎡
设计／充综合计划一级建筑士事务所
名称／Kado之家

　　窗户有两大功能，一是用来欣赏景色，二是用来通风换气。此栋住宅将窗户的两大功能进行分解和限定，使得每扇窗户的功能都得到提升。

　　固定窗的框景作用明显，从室内望出去，户外的景色就如同画一般，为室内增辉不少。

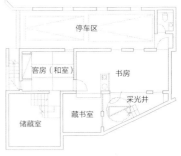

从大的固定窗射入的光线把本来阴暗的房间变得明亮起来。

纸拉窗上的圆影为居室
增添了日式美感

建筑概要：
占地面积／88.19㎡
使用面积／74.32㎡（不含阁楼）
设计／充综合计划一级建筑士事务所
名称／扇翁

房主在委托设计时希望在榻榻米房间内能有一个圆形的窗户。建筑师根据现有的条件，给出了一个比直接打造圆形窗户更为节省成本的方案，那就是保留现有的四边形窗框，然后在窗框内部补出一轮圆形内壁。这样一来，在纸拉窗上一样可以呈现出圆形的影子。

住宅内的地板高度不一，顶棚的高度也不一致。虽然住宅空间比较狭小，但给人的感觉却非常舒适。

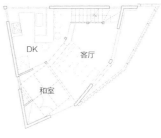

建筑师利用现有的四边形窗框，在内部补出了一轮圆形内壁。纸拉窗上形成的圆影给榻榻米房间增添了日式美感。

2-2　湿区

浴室、盥洗室、卫生间

　　湿区是家庭成员每天都会用到的空间。

　　在有限的空间中，设计一个既有利于住户放松，又美观，同时具有很流畅的行走路线的湿区非常重要。

用马赛克贴出如洞窟般的微暗浴室

建筑概要：
占地面积／87.98㎡
使用面积／149.16㎡
设计／LEVEL Architects
名称／涩谷住宅

浴室的地面、墙壁和顶棚全都贴着深蓝色的马赛克。浴室的顶棚没有使用惯常的条状浴室顶棚材料，而是使用了和地面、墙壁一样的马赛克，为整个浴室营造出独特的微暗感，显得非常酷。此外，浴缸选用纯白色，和深蓝色的周边环境形成鲜明对比。

浴室和半户外式露台之间用一扇大的玻璃推拉门相隔。家庭成员躺在浴缸内，既不用担心别人看到自己，又可以享受到露天的感觉。

浴室内使用的是Sanwa Company公司生产的蓝色马赛克。

浴室和露台融为一体
的住宅

建筑概要：
占地面积／95.83㎡
使用面积／122.45㎡
设计／都留理子建筑设计工作室
名称／羽根木I邸

此栋住宅的房主是一位艺术家，他希望在新居中能有一间特别的画室。为了满足房主的愿望，建筑师在一层设计了一个顶棚高度为3.2米的画室；二层设计了LDK；三层设计了儿童房、湿区和露台。

三层的露台和浴室相邻，巨大的窗户将露台和浴室连成一体，是一个既具有开放性又具备隐私感的空间。建筑师将大浴缸安放在浴室内视野最好的位置。房主透过窗户可以欣赏到户外美丽的风景。

露台　浴室　盥洗室　儿童房

露台和浴室内部全部贴白色玻璃钢，增强了露台和浴室的连续性，显得更为宽敞。洗手间、浴室和盥洗室全部设计在一个独室空间内。

利用露台将狭小的湿区变得明亮起来

建筑概要：
占地面积／207.50m²
使用面积／193.81m²
设计／LEVEL Architects
名称／富士住宅

此栋住宅的浴室具有极佳的开放感，外侧有一个露台，住户可以自由出入。此外，浴室还紧邻盥洗室，住户洗完衣服后可以直接经过浴室拿到露台上去晾晒。整个湿区的活动路线非常顺畅。

阳台位于北侧，墙壁反射的光线可以把浴室照亮。阳台顶部设计了横向百叶窗，可以有效地遮挡外人的视线。

巨大的开口部位给浴室营造出极佳的开放感。浴室地面铺LIXIL（INAX）公司生产的发热瓷砖。花洒和水龙头等全部采用CERA TRADING公司的产品。

露台2　室内阳台

露台1　盥洗室·更衣室　书房　LDK

浴室

曲线露台可以把视线
引向天空

建筑概要：
占地面积／75.29㎡
使用面积／114.72㎡
设计／石井秀树建筑设计事务所
名称／梶谷之家

为了建造一间即使是在都市内也能感受到开放感的浴室，建筑师特意在浴室外设计了一个半户外的露台。露台的扶手和地面被设计成一个曲面，可以自然地将入浴者的视线引向天空，给人更为宽敞的感觉。

此外，露台的曲面还可以遮挡外人的视线，住户不用担心在入浴时被看到。在白天，露台的曲面还可以起到反射的作用，将光线反射到浴室内，提升整个浴室的亮度。

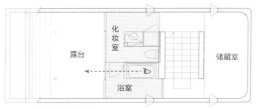

露台由细板材铺成，地面和扶手间形成的曲线可以自然地将入浴者的视线引向天空。

浴室的墙壁和顶棚给人绒毯般的质感，与木质感的露台组合在一起，体现出浓浓的现代风。

在充满木香的浴室内
享受清晨入浴的快乐

建筑概要：
占地面积／55.43㎡
使用面积／112.57㎡
设计／LEVEL Architects
名称／四谷三丁目的住宅

房主在委托设计时希望在节假日等休息日里，可以在清晨舒舒服服泡个澡，还希望新居能够明亮一些，要具有开放感，要拥有像别墅一样的疗养功能。

鉴于此，建筑师特意将盥洗室和浴室设计得比较大，2.8米的顶棚高度使得浴室看起来更为宽敞。浴室的地面和腰墙采用天然黑色石板。墙壁和顶棚贴扁柏木板。浴室内飘着淡淡的木香，在充满自然光的清晨泡一个热水澡，那真是一件极其享受的事。

浴室与中庭相连，增强了浴室的开放感

建筑概要：
占地面积／77.15㎡
使用面积／88.04㎡
设计／H.A.S.Market
名称／NWH

　　浴室位于玄关走廊的一侧，间壁墙全部采用透明玻璃，这使得浴室内的两个空间在视觉上产生了连为一体的感觉。

　　玄关走廊的尽头有一扇窗户，外面就是中庭。浴室、玄关和中庭形成一个连续的空间。此外，屋内设置的百叶窗可以保护住户的隐私。

户外按摩浴缸可以让住户体验到度假般的感觉

建筑概要：
占地面积／74.50㎡
使用面积／109.71㎡
设计／APOLLO
名称／BLEU

房主非常喜欢海边的度假生活，所以在建造新居时希望在客厅内就直接可以看到水面。为了满足房主的这一愿望，建筑师特意在客厅的旁边设计了一个按摩浴缸。按摩浴缸位于室外的阳台上，是装饰住宅的一个重要元素。在放上浴缸后，从室内望出去的风景立刻跟原先不一样了。

在节假日，房主可以舒舒服服地在浴缸内泡个澡，或者邀几名好友在家中举办一场带泡脚的家庭派对。总之，位于室外的按摩浴缸为生活增添了乐趣，丰富了房主的生活。

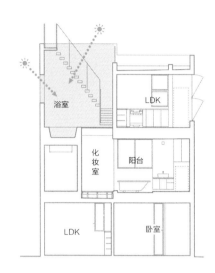

在夜晚的灯光照耀下，按摩浴缸的水面会泛起粼粼波纹，让住户即便是在室内也依然能够感受到大自然的气息。

和阳台融为一体的
浴室空间

建筑概要：
占地面积／40.8㎡
使用面积／91.8㎡
设计／ageha.
名称／loopslit

此栋住宅面朝一条主干道，建筑用地狭小，而且形状也不规则，好在四周还算比较开阔，但这又给如何保护住户的隐私带来了麻烦。

为了保护住户的隐私，所有的窗户使用的都是从室外很难看到室内的横长窗和地窗。建筑师在最需要保护隐私的浴室外侧设计了一个很大的阳台。阳台外周是围墙，很好地和浴室融合为一体。住户躺在浴缸内会不自觉地产生宛如是在享受露天浴池的感觉。

洗脸槽、马桶和浴缸全都位于浴室空间内。此外，洗衣机也位于浴室空间内，洗完衣服后可以直接拿到阳台上去晾晒。

在幽暗中享受安静的沐浴时光

建筑概要：
占地面积／54.54㎡
使用面积／61.01㎡
设计／Niko设计室
名称／0桑之家

房主在委托设计时希望浴室能够暗一些，并且希望躺在浴缸内能够欣赏到室外的景致。因此，建筑师设计了一个非常幽暗的浴室，浴室的地面和墙壁贴着具有独特质感的瓷砖，给人的感觉就如同是在洞穴中一般。透过浴室旁边的百叶窗可以看到室外的景致，而且从百叶窗透进来的光线会把整个浴室烘托得更有氛围。

盥洗室和浴室采用开放式设计，中间用透明玻璃相隔。浴缸顶部采用下垂式顶棚，可以帮助住户在入浴的时候更好地放松。

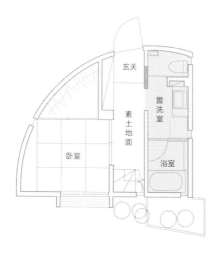

为了和浴室所贴的瓷砖的颜色相协调，盥洗室的墙壁特意使用了相同色调的AEP涂料，既增强了浴室和盥洗室的连续性，又使得整个空间看起来更为宽敞。

子孙一家所使用的既漂亮又实用的浴室

建筑概要：
占地面积／132.25㎡
使用面积／190.65㎡（包含地下室、不含阁楼）
设计／充综合计划一级建筑士事务所
名称／Kado之家

这是一栋两代人住宅，子孙一家的浴室在三楼，父母一家的浴室在二楼。在子孙一家的浴室内，除了浴缸外，还有洗脸槽和马桶，这对有小孩子的家庭来说，使用起来是非常方便的。浴室的墙壁和地面全部做了防水处理，维护起来非常容易。

浴室内安装可移动式浴缸，给小孩子洗澡时非常省力，所以深得各位父母的好评。整个浴室空间全部设计成白色，既时尚，又实用。

白色的可移动式搪瓷浴缸维护起来非常容易。

浴室的地面和墙壁贴长宽均为50毫米的正方形瓷砖，并且做了防水处理，打扫起来非常轻松。

大天窗和小角窗共同营造出露天沐浴的感觉

建筑概要：
占地面积／108.81㎡
使用面积／123.70㎡
设计／Niko设计室
名称／三轮之家

　　房主在委托设计时希望新居内的浴室能够有像露天浴池一样的开放感。鉴于此，建筑师特意将浴室设计在视野非常好的二楼，并且在邻近绿地的一侧开了许多小角窗。这样一来，住户在沐浴时就可以欣赏到室外的景色。浴室上方还设计了一个大天窗，浴室内的光线非常充足。住户在浴室内可以体验到宛如在室外一般的开放感。

　　房主非常喜欢和歌山县的洞窟浴池"忘归洞"。受此启发，建筑师特意采用了图中所示的瓷砖。

透过天窗可以看到蔚蓝的天空。站在浴室内一样可以感受到户外的气息。打开小角窗后，清爽的风会穿浴室而过。

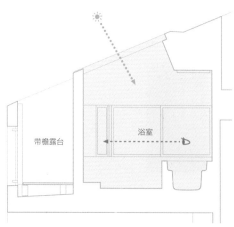

带檐露台　　浴室

在夏季可以当作泳池使用的室外浴池

建筑概要：
占地面积／111.49㎡
使用面积／191.06㎡
设计／APOLLO
名称／AQUA

　　此栋住宅从大门进入后有很长的一段通道，是一个开放式的室外空间。建筑师利用通道中间部位的一块区域设计了一个室外浴池。浴池紧挨卧室的出口，住户从浴池出来后可以直接回到卧室。

　　浴池虽位于室外，但周围有高墙环绕，隐私性非常好。在夏季，浴池还可以当作孩子们的游泳池来使用，是一个非常不错的玩耍场所。

自然光从通道上方洒到米色的瓷砖上，营造出放松的氛围。整个浴池空间只有浴池和水龙头，非常简洁。

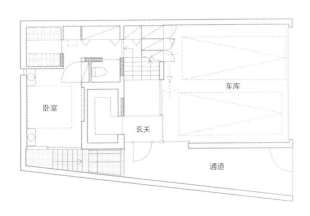

卧室　　玄关　　车库　　通道

百叶挡板可以让住户安心地享受入浴时光

建筑概要:
占地面积／93.7㎡
使用面积／193.93㎡
设计／充综合计划一级建筑士事务所
名称／椋柱之家

　　此栋住宅位于市区内，高为四层，周围都是高层写字楼或公寓。浴室内设计了与浴缸等长的窗户，窗户外面是同样长度的中庭。中庭外周安装了铁管，上面安装了用于遮挡外人视线的百叶挡板。住户在沐浴的时候完全不用担心外人会偷窥到自己，可以安心地享受入浴时光。

通过调整百叶挡板的角度来遮挡外人的视线。住户可以一边沐浴，一边仰望蔚蓝的天空。

134

大理石马赛克镶嵌的浴槽外缘

建筑概要：
占地面积／78.1㎡
使用面积／278.3㎡
设计／佐藤宏尚建筑设计事务所
名称／kitasawa-k

　　整个浴室的地面和墙壁全部铺设柔和风的大理石板材。喷涌式的浴缸和大型的花洒可以帮助住户解除一天的疲劳。浴缸的外缘镶嵌大理石马赛克。

　　浴室的顶棚使用防结露涂料，可以长时间保持最初完成时的美感。

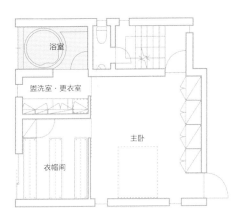

顶棚使用防结露涂料。喷涌式浴缸采用ALTIS公司的产品。花洒使用的是德国GROHE公司的"free hander"品牌。

可以欣赏到山樱
的浴室

建筑概要：
占地面积／197.09㎡
使用面积／92.03㎡
设计／石井秀树建筑设计事务所
名称／富士见丘之家

　　浴室的设计是从室外的一棵山樱树开始的。建筑师在浴室设计了一面大窗户。住户透过窗户可以看到整棵美丽的山樱。

　　浴缸埋入地下，上缘与地面持平。住户从浴缸内向外望时，视线毫无遮挡。浴室的面积比较大，防潮效果突出。

透过浴室的窗户可以欣赏到室外美丽的山樱。浴室内的设计非常简洁，望向室外的视线毫无遮挡。

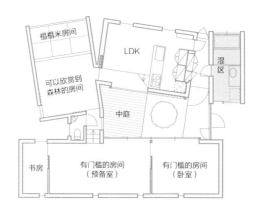

自然光可从脚下的地窗透入，让住户在浴室内感受到四季的变化。

从脚下透出来的光亮传递着户外的信息

建筑概要：
占地面积／118.00m²
使用面积／137.72m²
设计／MDS一级建筑士事务所
名称／荻窪之家

　　这是一栋充满绿意的幽静的两代人住宅。整栋住宅由三个箱式结构组成。湿区位于一层的箱式结构中。

　　建筑师在浴室的地板上开设了地窗，自然光可以透过地窗照到上面来。化妆间和浴室之间用透明玻璃相隔，从地窗透上来的柔和光亮可以同时把化妆间照亮。

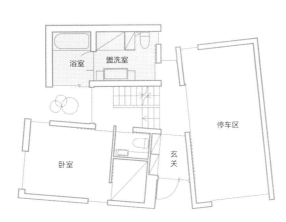

建于高处的浴室可以更好地保护住户的隐私

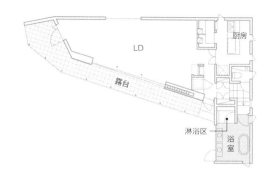

建筑概要：
占地面积／1734.33㎡
使用面积／70.89㎡
设计／On Design Partners
名称／COVERING FOREST

浴室内的大窗户给人留下深刻的印象。浴室的地面高出地表2米左右，是整栋住宅内位置最高的一个空间。由于位置比较高，所以可以更好地保护住户的隐私。

浴室窗户外侧有一棵大枫树，枫叶颜色的变化可以让人感受到四季的变化。

墙壁和地板铺设暖色调的大型瓷砖，墙壁的瓷砖直线铺设，地面的瓷砖斜线铺设，把浴室装饰得非常美丽。

间隔区让浴室既明亮又具有安全感

建筑概要:
占地面积／150.07㎡
使用面积／94.91㎡
设计／H.A.S.Market
名称／SSH

在住宅中，浴室算得上是最需要保护隐私的一个地方。此栋住宅紧邻其他住宅，所以建筑师特意在浴室外侧单独砌了一道墙，在浴室和外墙之间设计出一个间隔区，中间部位还布设了一处植物景观。

间隔区的存在使得浴室更加明亮，而且看起来也更为宽敞。

间隔区铺设了serakannbatu地板，住户可以光着脚出入，是一个非常自由的空间。

像旅馆一样充满
和式风情的浴室

建筑概要：
占地面积／300.55㎡
使用面积／126.33㎡
设计／奥野公章建筑设计室
名称／八潮之家

　　这是一栋带中庭的住宅，不过中庭不是被房屋所环绕，而是位于主屋的一侧。住宅的东侧是一个露天沐浴空间，而且其中还有一个小庭院。

　　像室内浴室一样，露天沐浴空间也铺设了瓷砖，使用了花柏木的壁板。这一沐浴空间起到了和室外部小庭院的功能，同时还可以保护住户的隐私。

整个露天沐浴空间由花柏木的壁板所围绕。住户可以一边沐浴，一边欣赏小庭院内的景致，享受愉快的沐浴时光。

中庭的玻璃门使得湿区具有了开放感

建筑概要：
占地面积／138.18㎡
使用面积／151.63㎡
设计／MDS一级建筑士事务所
名称／蓟野之家

此栋住宅的建筑用地是将山林砍伐之后，在山坡上开辟出来的一块平地。根据户主的要求，建筑师巧妙利用建筑用地的客观条件，设计了一个便于眺望的大开口部位。

客厅等生活空间被设计在二楼。浴室等湿区被设计在一楼。建筑师在室外设计了一个小中庭，不仅可以有阳光射入，还能够确保湿区的开放感。

盥洗室和浴室之间用透明玻璃相隔。从中庭射入的自然光可以充足地照射到盥洗室。

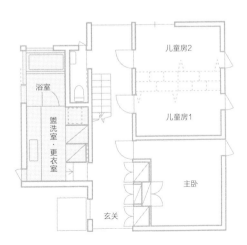

书房内的浴室可以帮助住户恢复活力

这是一栋六层的建筑物，由于最初装修时使用了伪劣的建材，所以最终不得不将原有装修全部铲除后又重新装修了一次。新的装修着力于让整栋建筑物呈现出真实感。

书房位于六层，住户可以在这里工作或者做一些自己感兴趣的事情。书房内有一个浴缸，如果累了可以去泡泡澡，绝对立马恢复活力。

建筑概要：
占地面积 / 123.14㎡
使用面积 / 171.20㎡
设计 / 充综合计划一级建筑士事务所
名称 / the pithos renovation

地面使用加墨泥浆，然后用金属镘子抹平。部分墙壁是用混凝土浇筑而成，而其他的墙壁则用了空心砖。

宽敞的盥洗室呈现出
很酷的原材料感

建筑概要：
占地面积／94.34㎡
使用面积／114.10㎡
设计／MDS一级建筑士事务所
名称／鹭沼之家

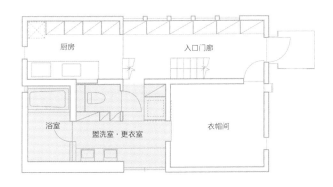

为了让家庭成员可以在忙碌的早晨同时洗漱，建筑师特意在湿区内设计了两个洗脸槽和两套淋浴设施。盥洗室·更衣室的宽度比一般住宅要宽一些，而且盥洗室·更衣室的旁边就是衣帽间，进出非常方便。

房主在委托设计时希望新居能够有一种很酷的感觉，所以建筑师对湿区的墙壁和顶棚没做任何装饰，就是混凝土最初浇筑成的样子。

混凝土不仅可以吸收湿区内的潮气，还能够成为整栋住宅的蓄热体。

和室的旁边是湿区

建筑概要：
占地面积／123.14㎡
使用面积／177.69㎡
设计／充综合计划一级建筑士事务所
名称／木木木

　　此栋住宅的和室和附属卫生间所在的位置在改造之前是一间4榻榻米的客房和一间6榻榻米的儿童房，改造之后变成了8.5榻榻米的客房（和室）和一个附属卫生间。而且，为了与和室的风格相协调，附属卫生间特意设计成日式风格。

　　附属卫生间内配备了陶制的洗脸槽和黑色的水龙头，把整个空间装饰得非常凝练。

为了不破坏和室的氛围，附属卫生间的门特意刷了具有日式风格的柿漆。

具有高收纳力的简洁又卫生的湿区

建筑概要：

占地面积／61.82㎡

使用面积／90.34㎡

设计／imajo design

名称／小山台之家

此栋住宅的湿区位于一层，为了更好地利用有限的空间，建筑师在盥洗室和浴室之间没有设计间隔墙，而是采用玻璃拉门。盥洗室和卫生间的隔墙的上部同样使用玻璃，而且一直顶到顶棚，使得本来比较狭小的卫生间看起来宽敞了一些。洗手台的台面直接嵌到了墙壁内，没有使用桌腿来支撑，使得台面下的空间非常简洁。

镜后收纳箱设计独特，洗漱用品和吹风机可以全部收纳其中。洗脸槽和水龙头是"大洋金物"的产品。

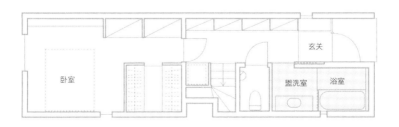

利用现有的窗户来确保盥洗室的亮度

建筑概要：
使用面积／95.4㎡（子世带楼层）
设计／ageha.
名称／passage

此栋住宅的建筑用地被绿地所环绕，环境非常好。建筑师在设计时也巧妙利用了住宅所处的环境，根据各个房间的功能，将地板高度设计得各不相同。进入房间后，关上门，打开窗，会发现每个房间都可以看到不一样的风景。盥洗室的侧面设计了一个橱柜，正面是一扇窗户。从窗户射入的光线把整个盥洗室照得非常明亮，让人心情舒畅。

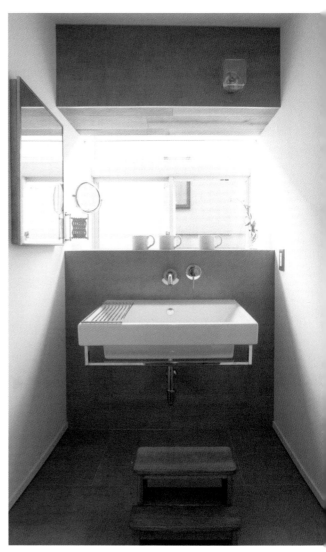

盥洗室巧妙利用现有的窗户，确保了充足的采光。

像酒店一样白色基调
的湿区

建筑概要：

占地面积／95.87㎡

使用面积／103.87㎡

设计／直井建筑设计事务所

名称／Y邸

此栋住宅内住着一对年轻夫妇，平时非常忙。为了让他们在有限的居家时间内可以充分放松、恢复精神，建筑师着实花费了一番心思。

湿区设计得非常明亮。洗脸台、马桶和浴缸位于同一个开放空间内。白色基调的各种设施和枝形吊灯使整个湿区有一种酒店般的感觉。

湿区墙面贴LIXIL的马赛克。洗脸台和浴缸用的全都是T-form的产品。

147

能够让人转换心情的卫生间

此栋住宅的二楼走廊周边是各个房间和洗手间，不靠外墙，所以不能开设窗户。如果按照通常的设计，各个房间的门都关上后，走廊会变得非常黑。为了解决这一问题，建筑师特意没有让卫生间东侧的墙壁直达顶层，而是在上部使用了透光材料。这样一来，从卫生间窗户射入的光线就可以穿过透光材料将走廊照亮，而且卫生间既隔音，又具有一定的开放性。

建筑概要：
占地面积／135.98㎡
使用面积／100.45㎡（不含阁楼）
设计／充综合计划一级建筑士事务所
名称／ORIGAMA

换气用的小窗户的窗台可以被活用为一个小陈列台。

阳光充足且木香缭绕的浴室

建筑概要：
占地面积／734.41㎡
使用面积／1007.65㎡
设计／佐藤宏尚建筑设计事务所
名称／百叶挡板别墅

房主在委托设计时，最初是希望在新居内能有一个桧木浴缸，但后来考虑到新居仅作为周末住宅使用，桧木浴缸如果长时间不用的话，可能会干裂变形，最终打消了这一念头。取而代之，浴室的墙壁、顶棚和地面全部铺设了木板，这样一来在浴室内依然可以欣赏到木材的质感了。

此栋住宅背山面海，打开窗户后，舒适的海风会穿堂而过。此外，透过百叶挡板射到屋子里的阳光也为住宅增添了别样的风情。

浴室的墙壁、顶棚和地面铺设的木板耐水性极强，而且散发着独特的香味，使得浴室内木香缭绕。从窗户透入的阳光会随着时间的流逝而不断变化，为住宅增添了别样的风情。

通过装修把狭小空间做出敞亮的感觉

建筑概要：
占地面积／122.87㎡
使用面积／179.954㎡
设计／充综合计划一级建筑士事务所
名称／VA2翻新

　　这是一栋两层的钢筋混凝土结构住宅。按照房主的要求，建筑师对整栋住宅进行了重新装修，在一楼设计了主盥洗室和主卫生间。但考虑到住在二楼的房主母亲年事已高，如果用一楼的卫生间可能会不太方便，所以又特意在二楼为她设计了一个卫生间。

　　在卫生间的有限空间内，建筑师还给设计了一个最小限度的洗手台。由于洗手时有点水溅到墙壁上也没关系，所以建筑师在洗手台上方只贴了15厘米高的瓷砖。

贴有瓷砖的洗手台可以同时当作物品摆放台使用。按照设计，水龙头上方的墙壁上还会挂一面镜子。

衣帽间

衣帽间

大厅

卧室

和室

露台

适合你的美居瓷砖

装饰厨房、盥洗室以及湿区用的马赛克瓷砖

1

2

1. ekrea ecosile

每一片马赛克瓷砖的颜色都不相同，组合在一起会呈现出非常独特的色彩。

￥12 800／箱（ekrea）

2. Needle

树叶风格的瓷砖带有地垫的质感，组合在一起后给房间营造出非常丰富的表情。

￥13 800／㎡（平田tile）

3

4

建筑师的建议

在挑选湿区所用的瓷砖时要考虑溅水或油污等因素，尽可能选择那种耐脏、不显眼且易打扫的瓷砖。（八岛建筑设计事务所·八岛正年）

如果是面积狭小的湿区，墙壁会占去很大的面积，所以墙壁上贴的瓷砖非常重要。此外，对于具有家具、照明和窗户等很多要素的空间，挑选瓷砖时一定要注意与其他要素的协调。（MDS一级建筑士事务所·森清敏）

一些人可能对瓷砖接缝的发霉问题非常在意，不过现在的接缝材料的性能已经有了很大提高，而且铺设方法也有很大改善，所以发霉的情况已经很少了。（桑原茂建筑设计事务所·桑原茂）

3. CAIRO
每块瓷砖就像由若干块不规则形状的马赛克组成的一样，显眼的白色接缝更加增添了房间的个性。
￥6800／㎡（Riviera）

4. Lotus
龟甲形的瓷砖给人一种节奏觉。各种各样的粉笔色瓷砖营造出了优雅的氛围。
￥6800／㎡（平田瓷砖）

适合你的美居洗脸槽

可用来洗脸或洗手的带水龙头洗脸槽

1

3

2

4

1. LAUFEN Palomba
长为1.6m的一体式洗脸台加洗脸槽，
无接缝，便于打理。
￥298 000（大洋金物Tform）

2. agape Perotel
仅通过曲面来引导水流，设计简洁。
整体￥382 000、洗脸槽￥165 000
（TOKYO KITCHEN STYLE）

3. Hommage
洗脸槽陶制的单腿和古典样式的细节处理
与复古式的室内装饰非常吻合。
￥228 000（CERATRADING）

4. CATALANO Zero
经典的黑色把空间装饰得更为典雅。虽然有两个
洗脸槽，但洗脸台的长度仅有125cm，属于小
型洗脸台。￥246 000（大洋金物Tform）

5

6

7

5. Giorgio Camel
洗脸槽像一朵正在盛开的花。
镀金水龙头让房间显得更为雅致。
￥157 000（CERATRADING）

6. agape spoon
半球形的洗脸槽容水量大，简单洁净。
￥353 000（TOKYO KITCHEN STYLE）

7. agape pear
柔和的尺寸比例和花朵纹样营造出非常
女性化的湿区空间。
￥203 000（TOKYO KITCHEN STYLE）

建筑师的建议

　　如果两人经常同时洗脸的话，
那最好选一个长的洗脸槽，然后配
两个水龙头。这样不仅省空间，而
且打扫起来也更简单。（MDS一
级建筑士事务所·川村奈津子）

　　洗脸槽和洗脸台的接缝部分非
常容易藏污纳垢，所以建议采用下
嵌式安装法，这样便于清洁打扫，
而且也适于洗脸或洗头。（村田淳
建筑研究所·村田淳）

2-3　楼梯

材料和样式都要非常出众

　　楼梯踏步板和扶手所用的材料与样式对整栋住宅来说非常重要。通常情况下，一般会在客厅内设置楼梯，或是单独设计一个宽敞的楼梯间。不管怎样，一段设计优美的楼梯会为住宅增色不少。

与室外相连的
楼梯间

从客厅望向楼梯间的视野。楼梯间将相邻的两个箱体连在了一起，而且还可以同时为两个箱体提供光亮。

建筑概要:
占地面积／118.00m²
使用面积／137.72m²
设计／MDS一级建筑士事务所
名称／荻洼之家

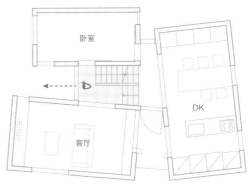

这是一栋两代人住宅。房主在委托设计时要求整栋住宅要有一体感,同时还要确保每代人居住空间的隐私。建筑师满足了房主这一貌似比较矛盾的要求,为其设计了三个箱体空间。

箱体与箱体之间是与户外相连的楼梯间。每当从楼梯上下时,透过不同位置的窗户可以看到各种各样的景致。

从餐厅望向楼梯间的视野。视线不会被楼梯阻碍,感觉非常通透。

位于无地板空间内的美丽的日式现代风悬臂楼梯

建筑概要：
占地面积／259.05㎡
使用面积／171.20㎡
设计／LEVEL Architects
名称／东武动物公园的两代人住宅

进入玄关后，首先映入眼帘的是一个明亮的无地板空间。在无地板空间一侧的墙壁上是一段踏步板直接插入墙壁内的简洁的悬臂楼梯。楼梯没有踢脚板，从南侧窗户射入的光线可以直接穿过楼梯照到玄关内。

踏步板的底部是厚为12毫米的钢板，上面铺设水曲柳木板。扶手也由相同的钢材和水曲柳木制成。扶手将所有踏步板连成一体，降低了踏步板的弯曲和振动。

斜坡屋顶上开设了天窗，柔和的光线可以直接照进楼梯间。

可照进阳光的贯通空间和宽敞的楼梯间

建筑概要：
占地面积／64.49㎡
使用面积／101.63㎡
设计／MDS一级建筑士事务所
名称／白金之家

　　此栋住宅的建筑用地被其他的建筑物所包围，如何利用住宅的上部空间来最大限度地实现采光就成为摆在建筑师面前的一大课题。好在楼梯间发挥了重要作用。此栋住宅的楼梯间位于贯通空间内，采用开放式设计，扶手由细钢条制成，光线可以洒满室内整个空间。

　　位于二层的起居室通过贯通空间和楼梯与一层的餐厅相连。由于没有隔墙，所以室内空气流通良好，而且还可以时时刻刻感受到家人的动静。

露台

客厅

书房

实木脚踏板和纤细扶手组成的悬臂楼梯

建筑概要：
占地面积／130.11㎡
使用面积／128.01㎡
设计／APOLLO
名称／RAY

　　房主在委托设计时明确要求客厅内的楼梯不能用冷冰冰的铁制楼梯，希望拥有一个可以感受到木材温暖触感的楼梯，而且还要体现出独有的特征，要具有存在感。鉴于此，建筑师为其设计了一段经典款的悬臂楼梯，踏步板的基底还是使用钢板，不过在上下两面包上了实木木板。

　　钢板基底嵌入墙内，有效防止了踏步板的弯曲和摇晃。扶手选择的是纤细的钢条，这使得实木木板的纹路更为突出。

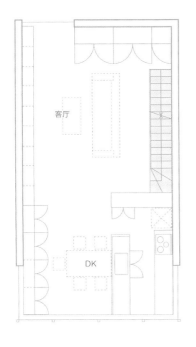

钢板基底的上下各包了两片实木木板。位于钢板上面的两片木板之间的接缝起到防滑的作用。

具有浮游感的现代风室外楼梯

建筑概要:

占地面积／371.91㎡
使用面积／211.98㎡
设计／APOLLO
名称／SBD25

　　钢制悬臂楼梯与旁边的混凝土无装饰墙壁搭配协调。楼梯的每个踏步板由九根钢条焊接而成，设计得很酷，而且还具有浮游感。

　　建筑师在设计时想尽可能减少扶手的存在感，所以只用了一根与焊接踏步板相同的钢条来充当扶手。扶手的倾斜角度与楼梯的上升角度相同，整体呈现出纤细的感觉。

扶手下部的连接线使用不锈钢钢丝，显得非常纤细。踏步板和扶手使用钢条的横切面尺寸是19毫米×40毫米。扶手所用钢条的跨度超过了2米。

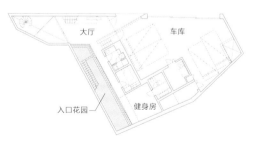

位于客厅内的悬臂楼梯

建筑概要:
占地面积／120.96㎡
使用面积／111.46㎡
设计／LEVEL Architects
名称／八云住宅

楼梯位于客厅内，日常使用率非常高。建筑师特意将其设计成没有踢脚板的悬臂楼梯，不仅可以降低楼梯对客厅造成的压迫感，也不会遮挡从高侧窗射入的光线。

楼梯的设计非常简洁，踏步板宽为30厘米，相邻踏步板之间的高度为19厘米。为了降低成本，所有的踏步板全部由钢板制成。为了减小踏步板的弯曲和振动，钢板的三条边全部下折3厘米，借此来增强脚踏板的强度。

中庭的光线可以透过高侧窗射入客厅内，在地板上形成美丽的阴影。

稍显复杂的楼梯转弯角度成为整栋住宅的亮点

建筑概要：
占地面积／79.74㎡
使用面积／116.22㎡
设计／LEVEL Architects
名称／深泽住宅

　　美丽的白色楼梯沿着室内贯通空间从最顶端的阁楼一直延伸到一层的LDK。扶手由纤细的钢管制成，不会对视线造成遮挡，而且统一漆成了白色。

　　此栋住宅的层高各不相同，所以楼梯在每层的转弯角度也就稍显复杂，不过这也成为整栋住宅的一大亮点。踩着不同转弯角度的楼梯上楼或下楼，别有一番乐趣。

从高侧窗透入的光线可以沿着楼梯一直照射到一层。从一楼逆光看上去，会发现楼梯的设计非常美丽。

排除无用的线条，活用
原材料的质感

建筑概要：
占地面积／207.50㎡
使用面积／193.81㎡
设计／LEVEL Architects
名称／富士住宅

此栋住宅的楼梯主体结构为钢筋混凝土，然后在上面铺设了橡木板。两种不同材料的搭配使得楼梯有现代风的美感。在建造时，先浇灌混凝土，待混凝土干结后，再在上面铺设橡木板。橡木板经过特殊加工，表面呈现出美丽的木纹。木纹的温和感与混凝土的冷硬感恰到好处地组合在一起，让整栋住宅显得很有独创性。

扶手的支架由黑钢制成。在黑色的映衬下，充满自然光的楼梯看起来更为紧凑。

建筑师在设计楼梯时力求简洁，极力排除了一些无用的线条，使得整段楼梯看起来更为紧凑。

流畅的白色螺旋楼梯

建筑概要：
占地面积／154.48㎡
使用面积／174.35㎡
设计／石井秀树建筑设计事务所
名称／南小岩之家

这是一栋设计紧凑的多层错层住宅，每层空间由美丽的螺旋楼梯相连。

钢板制成的踏步板的内端直接焊接在支柱上。为了让踏步板更薄，看起来更简洁，上下相邻的两片踏步板的外端用钢筋垂直相连。

从高侧窗透入的光线可以沿着螺旋楼梯一直照射到一层，将楼梯间和底层空间全部照亮。

薄薄的钢制踏步板基底和细细的曲线扶手，使得楼梯看起来非常流畅。踏步板表面使用水曲柳胶合板。

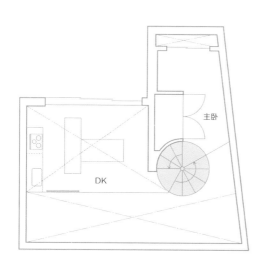

即便从下往上看也
非常美丽的楼梯

建筑概要：
占地面积／226.21㎡
使用面积／272.58㎡
设计／佐藤宏尚建筑设计事务所
名称／uroko

此栋住宅的楼梯位于一层的客厅内，无论是从上往下看、横着看，还是从下往上看，都非常美丽。

例如，踏步板的基底是钢板，但钢板的上下和四周全部包上了薄薄的水曲柳胶合板，这样即便是从下往上看也会非常美丽。此外，扶手的基底是细钢条，在其内外也全给包上了同样的水曲柳胶合板。楼梯的设计体现出建筑师表里如一的设计理念和毫不妥协的设计精神。

整个楼梯由钢材和水曲柳胶合板制成，设计简洁，与客厅的装修风格相统一，有效地抑制了楼梯的突兀感。

踏步板和扶手全部使用了水曲柳胶合板，整个设计别出心裁。此外，建筑师在设计时非常注重细节，例如扶手一定要便于抓握、给人的感觉一定要温和等。

狭小住宅中的极简风格楼梯

建筑概要：

占地面积／37.71m²
使用面积／122.59m²
设计／佐藤宏尚建筑设计事务所
名称／最狭小的家

　　此栋住宅的建筑用地仅有37.71平方米，实际占地面积更小，只有25.8平方米，可以说是一栋名副其实的狭小住宅。

　　住宅高为五层，在西侧设计了楼梯间。楼梯排除了一切无用的元素，极简风格的设计理念使得楼梯具有了别致的美感。

　　为了让有限的室内面积显得更宽敞一些，建筑师没有在楼梯间与室内房间之间使用隔墙，而是用透明玻璃来隔开。这样一来，即便是在楼梯间，望向两侧的视线也不会受到遮挡，整个房间会看起来更宽敞一些了。

建筑师在住宅面朝道路的东侧设计了居室，在西侧设计了楼梯间与电梯。

便于家人交谈的客厅楼梯

建筑概要：
占地面积／150.86㎡
使用面积／207.74㎡
设计／MDS一级建筑士事务所
名称／目白之家

此栋住宅的客厅位于地下，利用贯通空间与一层相连。建筑师在客厅的一侧设计了悬臂楼梯，使得整个空间看起来更为宽敞。家人在上下楼梯时可以毫无障碍地与客厅内的其他人交流。

悬臂楼梯没有使用踢脚板，这样既可以压减楼梯的存在感，同时又可以使整个空间看起来更宽敞。

169

可用来欣赏藏书的楼梯

建筑概要：
占地面积／41.75㎡
使用面积／88.64㎡
设计／APOLLO
名称／LUFT

　　房主在委托设计时希望在新居内能有一个大书架，里面摆满自己收藏的录音带、CD和书等。建筑师帮他实现了这一愿望，在楼梯贯通空间旁边的一侧墙壁上为其设计了一个上下三层的深棕色水曲柳大书架。

　　书架建好后，立马成为整栋住宅的中心。回折上升的钢制楼梯宛如是一条专为书架而设的立体散步道，将上下三层空间贯穿在一起。而且，开放式的楼梯也为住宅增添了别样的景致。

钢制扶手与走廊重合，巧妙地将多层空间连接在一起。

像机翼一样的
悬臂楼梯

建筑概要：
占地面积／104.28㎡
使用面积／81.98㎡
设计／APOLLO
名称／RING

　　在此栋住宅中，建筑师把玄关、门廊和楼梯间都设计得比较宽敞，以便让室内的任何一个部位都可以充满自然光亮。

　　楼梯采用的是钢制悬臂楼梯，看起来就像飞机的机翼一般。踏步板之间没有使用踢脚板，光线可以透过踏步板之间的缝隙直接照到楼下。

棱角分明的悬臂楼梯透着强烈的艺术感。光线可以顺畅地从楼上照到楼下，把整栋住宅都照亮。

钢制悬臂楼梯的踏步板透着现代艺术的美感。

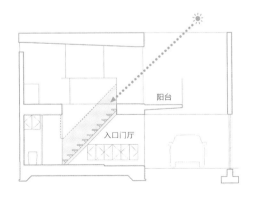

阳台

入口门厅

将每个错层相连的螺旋楼梯

建筑概要：

占地面积／55.43㎡
使用面积／112.57㎡
设计／LEVEL Architects
名称／四谷三丁目的住宅

大型的螺旋楼梯将每个错层连在一起。住宅设计得比较简洁，视线没有什么阻碍。住宅的中央部位是楼梯的踏步板和平台，整体设计比较紧凑。上层的光线可以沿着楼梯照亮空间的每一个角落。精致的楼梯设计透着超现实主义的美感。

根据每个错层的不同设计，楼梯的踏步板和平台的形状也会发生相应的变化。

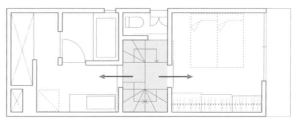

将螺旋楼梯的平台活用为读书空间

建筑概要：
占地面积／95.83㎡
使用面积／122.45㎡
设计／都留理子建筑设计工作室
名称／羽根木I邸

　　房主是一位美术家，要求建筑师在住宅内为其设计一个工作室。此栋住宅的室内贯通空间非常宽敞，内部有一个连接一、二层的白色螺旋楼梯，同时也将工作室和聚居区连在了一起。

　　螺旋楼梯的中间部位有一个较大的平台，被活用为读书空间，家人可以在这里自在地阅读。

螺旋楼梯中间部位的平台其实是钢筋混凝土结构的仓库的房顶，被活用为读书空间后，整个贯通空间显得更为紧凑，而且也变得更有吸引力。

书房

173

从踏步板之间的缝隙
透过的光线可以把楼
梯下的空间照亮

建筑概要：
占地面积／102.68㎡
使用面积／117.18㎡
设计／MDS一级建筑士事务所、Hatta Yukiko
名称／Pajagi之家

玄关

通常情况下，从玄关通往一层楼梯的这段空间一般都比较昏暗。但是，Pajagi之家的楼梯设计克服了这一问题，光线可以从踏步板之间的缝隙直接透到楼梯下，把楼下的空间照亮。

一、二层之间使用的是没有踢脚板的悬臂楼梯。整个楼梯间既具有混凝土墙壁的厚重感，同时又显得比较轻盈。

纵横无尽的白色
钢制楼梯

建筑概要：

占地面积／94.34㎡

使用面积／114.10㎡

设计／MDS一级建筑士事务所

名称／鹭沼之家

此栋住宅采用的错层式设计，由于房主希望整栋住宅可以成为一个连续的开放空间，所以各个错层都是最低限度地使用隔离墙。

层与层之间由棱角分明的钢制楼梯和走廊相连。楼梯和走廊的线条非常简洁，走在上面如同模特在走猫步一般。此外，楼梯和走廊还将室内的所有空间连成一个整体。

室内的每个错层看起来就像一个个"箱子"，楼梯和走廊将这些"箱子"连成一个整体。

具有混凝土质感的
室外楼梯

这是一段从地下采光井通往地上的楼梯，既具有混凝土的质感，又显得比较轻快。

楼梯采用悬臂式，仅靠墙壁来支撑，体现出朝向整个空间的开放感。楼梯的混凝土质感和灰色的外墙让整个空间呈现出色调的变化。

建筑概要：
占地面积／132.25㎡
使用面积／190.65㎡（不含阁楼）
设计／充综合计划一级建筑士事务所
名称／Kado之家

扶手使用的是镀锌钢管。地面铺设的是400毫米见方的混凝土砖。楼梯和地面使用同样色调的混凝土。

LDK内迷人的当地产杉木楼梯

建筑概要：
占地面积／368.21㎡
使用面积／146.09㎡
设计／佐藤宏尚建筑设计事务所
名称／slit

此栋住宅的客厅顶棚较高。在客厅一隅，建筑师设计了一段悬臂楼梯。家人可以利用这段楼梯出入客厅，同时也便于交流。

楼梯的踏步板、平台和扶手全部使用当地产的杉木。客厅的墙壁和顶棚全部涂成白色。阳光从天窗射入宽敞的白色客厅，把杉木楼梯的质感衬托得更为突出。

采用悬臂式设计的客厅楼梯呈现出一种不可思议的浮游感。

融入白色空间的
悬臂楼梯

建筑概要：
占地面积／130.91㎡
使用面积／117.88㎡
设计／桑原茂建筑设计事务所
名称／蓟野之家

此段楼梯采用悬臂式设计，连接着二楼的LDK和更高处的书房，既保证了楼梯的美感，又减少了楼梯对空间的压迫感。

由于整个楼梯的重量完全由墙壁来支撑，所以在墙壁内埋入了30毫米厚的胶合板来进行加固。据说，用户在搬进这栋住宅后，经常会坐在这段楼梯上读书。

在狭小紧凑的书房下面是顶棚高度仅为1.4米的阁楼式储藏室。

将楼梯旁的墙面
设计成收纳空间

建筑概要：
占地面积／46.9㎡
使用面积／78.4㎡
设计／ageha.
名称／BOCO

此栋住宅的实际占用面积仅有28.1平方米，因为占用面积有限，所以如何更好地利用楼梯间就成为一个重要课题。

建筑师将楼梯旁的一整面墙壁全部设计成收纳空间。开放式的格子（部分设计了箱门）可以放一些用户喜欢的小摆件，增添了楼梯间的趣味。

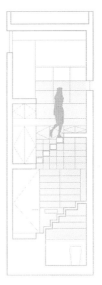

楼梯旁边的一整面墙壁全部设计成白色的收纳架，既增加了楼梯间的功能，又增添了楼梯间的趣味。

具有美丽线条的
钢管扶手

建筑概要：
占地面积／100.74㎡
使用面积／106.00㎡
设计／充综合计划一级建筑士事务所
名称／借景之家

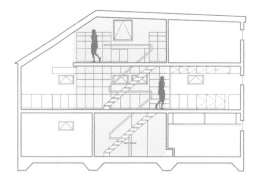

白色的开放式楼梯间内设计了踏步板两端都有支撑的板式楼梯。楼梯扶手使用钢管。踏步板使用地板建材。

楼梯没有使用踢脚板，透光性较好，使得整个楼梯间都非常明亮。扶手从一楼一直延伸到三楼，呈现出美丽的线条。

地板和踏步板使用同样的建材，而且都进行了修色处理。

具有落座功能的楼梯

建筑概要：
占地面积／230.83㎡
使用面积／116.76㎡
设计／充综合计划一级建筑士事务所
名称／箱巢Ⅳ

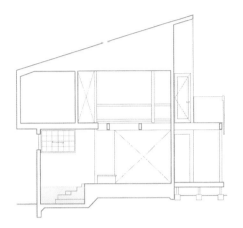

此栋住宅的建筑用地比旁边的道路稍微高出一段，建筑师专门设计了楼梯来连接道路和住宅。玄关门厅内还有数段楼梯，从下往上数第二段楼梯的高度特别适合落座，而且楼梯和周围的景致相处融洽，毫无违和感。

地面基底使用掺有黑色灰浆的三合土，然后用金属镘子抹平。墙壁使用硅藻泥。地板使用北美香柏木。

2-4　家具

住宅内的家具设计

　　在设计住宅时，住宅内的生活道具——家具自然不可或缺。

　　家具所用的材料和尺寸要依据用户的喜好来进行选择。

可以落座的大型厨房操作台

建筑概要:
占地面积／146.21㎡
使用面积／122.01㎡
设计／LEVEL Architects
名称／尾山台的住宅1

　　房主夫妇的子女都已成人,餐桌自然用不着了,所以建筑师为其设计了一个可以兼用作餐桌的大型厨房操作台。考虑到房主夫妇希望直接坐在地板或榻榻米上用餐,建筑师在操作台外侧设计了一个落座区。落座区和厨房内部具有一定的高度差,最上层铺设榻榻米,房主夫妇可以直接坐在榻榻米上用餐。

　　厨房操作台宽为3.5米。日常使用的餐具和厨房家电等全都可以收纳到操作台下方,饭后收拾起来非常简单。

橱柜选用的是Y-Craft公司的产品。落座区榻榻米的下方设计了收纳空间,可以放一些生活用品。

收纳量和气质都
非常理想的厨房

建筑概要：
占地面积／170.35㎡
使用面积／123.96㎡
设计／imajo design
名称／下田町之家

此栋住宅的厨房设计独特。建筑师在设计时，充分考虑到了餐具和锅的尺寸、料理用具和厨房电器的收纳场所、使用时的方便程度等因素。

为了降低成本，餐厅一侧的家具使用的是桧木，厨房一侧的家具使用的是柳桉木胶合板。此外，厨房还安装了从顶棚垂下的吊装式抽油烟机，既可耐受高强度的使用频率，又显得比较有气质。

洗碗机和燃气灶全都嵌在了橱柜内。此外，建筑师还专门为电饭锅和烤箱等家电设计了收纳空间，就连垃圾箱也有专门的摆放位置。

厨房操作台分为两部分，燃气灶部分的长度为3.6米，洗涤槽部分的长度为2米。为了确保使用时的方便性，两部分的高度设计得略有不同。

可以供多人落座的客厅

建筑概要：
占地面积／120.52㎡
使用面积／87.27㎡
设计／石井秀树建筑设计事务所
名称／贯井之家

　　房主在委托设计时明确提出在新居内要有一个既可以帮助人放松，又可以让多人直接落座的客厅。鉴于此，建筑师特意设计了一个日式的自由空间，内部不摆西式椅子，来宾可以直接坐在地板上。

　　客厅内的榉木长桌和日式无腿靠椅的设计独特，与周围的空间搭配协调。餐桌长为2.8米，可以满足家人各种各样的需求。此外，在黑杉木护墙板和白色墙壁的映衬下，客厅内的原木家具显得更加美观。

客厅内的地板使用杉木，上面刷亮油。顶棚贴白柳桉木胶合板。整个空间内的木材质感十足。

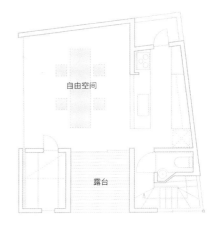

自由空间

露台

可以收纳杂物的
墙壁状储物柜

建筑概要:
占地面积／91.80㎡
使用面积／91.08㎡
设计／imajo design
名称／田园调布之家

在此栋住宅内，电视没有放在电视柜上，而是挂在了一个墙壁状的储物柜上。为了营造出整洁的印象，储物柜的正面只开设了一个开口，里面可以放DVD机和CD播放器等。所有的走线全部隐藏在储物柜的后面，避免了线路混乱造成杂乱无章的感觉。

储物柜的顶部加装了照明设备，光线直接打到"人"字形屋顶上，形成的间接照明给整个空间营造出被暖光环绕的感觉。

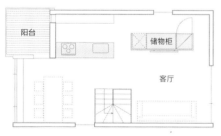

储物柜的背面放置冰箱，另外还设计了储物架和一个小操作台。储物架上面可以放一些厨房电器和用品等。

简单又高档的
餐厅家具

建筑概要：
占地面积／259.05㎡
使用面积／171.20㎡
设计／LEVEL Architects
名称／东武动物公园的两代人住宅

　　厨房面对餐厅的一面贴了胡桃木的薄板，使得整个厨房看起来就像是一件家具。餐桌是根据整个空间的布置而专门定制的，设计非常独特。

　　吊灯使用的是美国的古董品，具有非常经典的玻璃灯罩和黄铜饰件。摇曳的灯光把简洁的餐厅装饰得更加美丽。

餐桌的设计非常独特，桌脚使用扁钢板，桌面使用的胡桃木。

WIC

LDK

儿童房

卧室

屋顶露台

与名品椅子相匹配的
北欧风餐桌和咖啡桌

建筑概要：

占地面积／303.16㎡
使用面积／110.90㎡
设计／石井秀树建筑设计事务所
名称／箱森町之家

此栋住宅所用的餐椅和咖啡椅全都是
汉斯·瓦格纳（Hans Wegner）的作品。与
之相匹配的餐桌和咖啡桌由经过浸油处理
的橡木胶合板制成。桌面非常简洁。桌脚
上部的截面为"L"形，而下部则为圆形。

餐桌和咖啡桌的桌脚形状独特，全部由橡木胶合板
经过浸油处理制成。

可以多方向使用的
阁楼收纳空间

建筑概要：
占地面积／102.68㎡
使用面积／117.18㎡
设计／MDS一级建筑士事务所、Hatta Yukiko
名称／pojagi之家

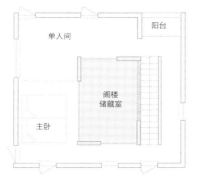

阁楼收纳空间在二楼，位于一楼餐厅的正上方。阁楼面积大约有5.8榻榻米大小，在东西南北四个方向全都有开口，与外界的联系非常方便。

阁楼内可以长时间收纳一些被褥和仅限于某个季节使用的家电等。为了促进阁楼的通风，开口部位全部安装了折拉门，推拉非常方便。靠近走廊的开口部位的内部安装了衣架，可以挂一些不常穿的衣服。这一收纳空间使得住宅内可以最小限度地配备收纳家具，也从而让整栋住宅显得宽敞了一些。

室内贯通空间的顶部非常容易被浪费掉，而此栋住宅则把这一空间活用成了收纳空间。

混合使用不同材料的雅致DK

建筑概要：
占地面积／231.86㎡
使用面积／99.57㎡
设计／imajo design
名称／都留之家

此栋住宅的厨房、置物架和抽油烟机的设计都非常独特。为了和已有的柚木餐桌、置物架相匹配，整个DK区域的家具主要使用的是具有美丽木纹的柚木和硬朗的不锈钢两种材料。

壁面上设置了带玻璃拉门的置物架，可以享受布置心爱的餐具和小物件的乐趣。放置物品的不同会给厨房的装饰风格带来变化，所以说这是一个留有余白的空间。

DK采用水泥地面，上面刷防尘涂料。餐桌上方的灯具选用的是不可直接看到灯泡的类型。灯具的柔和外形也成为DK内的一大亮点。

集装饰与收拾于一体的趣味壁面收纳空间

建筑概要：
占地面积／81.77㎡
使用面积／85㎡
设计／Niko设计室
名称／尾崎之家

　　此栋住宅的一、二层之间有一段很大的楼梯。建筑师在楼梯的一侧设计了一个大容量的收纳空间。无论是本该放在玄关的鞋子和雨伞，还是客厅内需要的各种各样的杂物等，都可以放到收纳空间内。其实建筑师的用意是想让这一收纳空间满足各个房间的功能。

　　大容量的收纳空间让收拾屋子变得轻松起来，而且外观还可以随意调整。每个格子都可以安装柜门，对于那些想展示出来给人看的物品，直接放在没有柜门的格子上就好了；至于那些不想让人看到的物品，把它们装进有柜门的格子里，然后把门关上就谁也看不到了。收纳空间在完工时只安装了几个柜门，以后可以根据实际需求随时增加柜门。

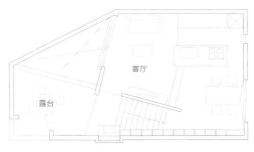

将来，如果不想让别人看到的东西太多，现有的带门柜子装不下的话，可以随时安装新的柜门。所有的收纳格子其实都可以根据用户的生活方式和持有物品的变化随意做出调整。

利用收纳单元来实现住宅的大容量收纳功能

建筑概要：
使用面积／52.0㎡
设计／ageha. 名称／501

为了有效利用有限的室内空间，建筑师在设计时实施了一项收纳倍增计划，在住宅内设计了很多收纳单元。这些收纳单元无论是宽度，还是纵深，都非常适合储藏物品，而且几个收纳单元组合在一起，还可以起到间壁墙的作用，避免空间的浪费。

组合在一起的收纳单元不仅可以分割空间，还可以通过调整方向来调节射入屋内的自然光。住户可以根据自己生活的变化来自由移动或增加收纳单元。

收纳单元大幅提升了住宅的储藏功能，同时还可以根据住户的意愿自由调整，既可以变成连接两个空间的通道，又可以变成分隔空间的间壁墙。

在二楼地板和一楼顶棚之间搭建家人共用的书架

建筑概要：
占地面积／82.79㎡
使用面积／75.3㎡
设计／MDS一级建筑士事务所
名称／多摩兰坂之家

如何在狭小的住宅内确保足够的收纳空间，这是一个很重要的问题。

为解决这一问题，建筑师在设计此栋住宅时，将解决之道放在了顶棚上方和地板下方这两个非常容易被忽视的部位。房顶和地板全部由上下两部分构成，然后利用中间的间隙来充当收纳空间，其中位于二层客厅的地板下方的间隙被活用成家人共用的书架。

每层地板都是由上下两部构成，其中的间隙被活用为收纳空间，间接增大了住宅的居住面积。

位于玄关旁边的
便利的储藏间

建筑概要：
占地面积／205.58㎡
使用面积／218.60㎡（不含阁楼、包含地下室）
设计／充综合计划一级建筑士事务所
名称／拥有有趣地下空间的中庭住宅

房主的兴趣爱好广泛，建筑师在玄关内设计的储藏间可以帮助其过更加舒适的生活。如果其他房间的东西也放到这一储藏间的话，那储藏间的作用就更大了。

在玄关内，不仅有可供人穿堂而过的储藏间，还有供人脱鞋的空间，也设计得非常美观。

玄关储藏间的地面使用三合土，上面用金属镘子抹加墨泥浆。地板采用美国白蜡木，上面的格子使用柳桉木胶合板。

具有复古风格的住宅

建筑概要:
使用面积／63.07㎡
设计／都留理子建筑设计工作室
名称／茱萸泽S邸

这是一户拥有四十年房龄的公团住宅（又叫"团地"，是"二战"后日本政府设立的公共性住宅体系）。在保存现有主体架构的前提下，建筑师对整个室内空间进行了重新装修。进入玄关后，首先看到的是一段走廊。卫生间和儿童房的门朝向走廊。

卫生间的门上有窗户，这样可以让走廊亮一些。儿童房的门上安装了透光但不透物的压花玻璃。

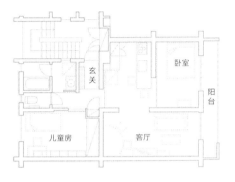

住宅内使用了各种各样的复古饰件，与建筑物所具有的老旧感融为一体，营造出非常温馨的感觉。

Chapter 3

决定住宅的品位

3-1
玄关・进屋通道

"开"与"关"的转换场所

　　玄关和进屋通道是住户外出和归来必经的
空间，所以无论是在心理上还是在现实中，都
是"开"与"关"的转换场所。

　　玄关和进屋通道虽然很小，但对住宅来说
却非常重要。

拥有长凳和植物的
宽敞玄关门廊

建筑概要：
占地面积／199.60㎡
使用面积／142.98㎡
设计／村田淳建筑研究室
名称／浦和的两个家

　　玄关与室外的空间仅有一门相隔，从这道门迈出一步，就是外面的世界，而玄关外面的这一空间也正好是迎接来客的场所。此栋住宅在玄关外面设计了一个门廊，而且还种了一些植物，可以避免外人直接看到玄关，起到了缓冲地带的作用。

　　门廊顶部设计了一个很深的顶棚，下面摆放着一张长椅。当住户带着行李回家的时候，可以先把行李放在长椅上，然后再拿钥匙开门。虽然是一个不起眼的小设计，却可以助人减轻劳累，让住户每天的生活过得轻松一些。

玄关没有铺设地板，铺设的黑色瓷砖和白色接缝体现出现代风。

可以被用作会客室的玄关

建筑概要：
占地面积／516.59m²
使用面积／240.35m²
设计／奥野公章建筑设计室
名称／净妙寺之的家

　　此栋住宅位于住宅密集区，占地面积超过500平方米，紧邻一个十字楼口，周边的绿地环境也很不错。由于建筑用地比道路高出1米左右，考虑到不要影响周围的住宅，所以建筑师最终将住宅设计为平层建筑。

　　在来客人的时候，玄关可以被用作会客室。玄关地面没有铺设木地板，采用了单色调的泥浆地面，显得非常雅致。客人可以站在玄关内聊天，也可以坐在旁边的长椅上喝茶。会客方式变得多种多样。

玄关地面雅致的单色调使其与周围的空间搭配协调。就连海外的一些来宾对此也是给予好评。

宽敞的休息室
兼进屋通道

建筑概要：
占地面积／463.93㎡
使用面积／151.91㎡
设计／八岛建筑设计事务所
名称／西镰仓之家

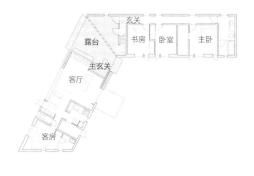

此栋住宅位于镰仓，周围的景致不错，而且通风性也很棒。住户可以在住宅内感受到季节的轮换，享受安宁的生活。

房主的海外来宾很多，他们大都希望在来到房主家里后可以体验一下有品质的日式生活。鉴于此，建筑师特意为其设计了两栋单层建筑，中间由进屋通道相连。进屋通道四周全都包上了薄木板，营造出柔和的质感。从进屋通道再往里是玄关，所以说进屋通道其实起到了缓冲地带的作用，毫不突兀地将户外与室内连在一起。

进屋通道内设计了长椅，可以被兼用作休息室。

与下町风情相协调的
拉门玄关

建筑概要：
占地面积／52.78㎡
使用面积／102.13㎡
设计／APOLLO
名称／ALLEY

玄关尽头略高出地面的小房间内没有铺设地板，来宾可以穿着鞋子直接进到这一空间内和房主聊天。

此栋住宅的建筑用地面积狭小，而且还位于一条死胡同的最里面。考虑到车辆的通行问题和施工的可行性，建筑师和房主最终决定用木材来建造住宅的主体结构。住宅的外墙横向贴着深棕色的镀铝锌钢板，与古老的街区毫无违和感。

拉开入口的拉门后，首先看到的是一段没有铺设地板的玄关。玄关的尽头是一个略高出地面的小房间，可以当作客房使用。小房间内也没铺设地板，是一个位于玄关与内室之间的中间地带，从中可以窥见日本传统生活空间的影子。

此栋住宅的玄关非常宽敞，可以更好地保护住户的隐私。

具有安防效果的和式
现代风横格子门

建筑概要：
占地面积／122.26㎡
使用面积／153.93㎡
设计／APOLLO
名称／NEUT

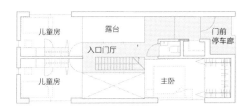

此栋住宅的建筑用地位于一处幽静的住宅区，横向较窄，纵向较深。鉴于房主喜欢鉴赏音乐，建筑师将整栋住宅设计成钢筋混凝土结构，并且还修了一个下沉式的工作室。

工作室内有一个中庭，使用双层玻璃，增强了工作室的隔音效果，很好地解决了噪音扰民的问题。玄关使用双重门（外门和内门），安防性能大幅提升。在阳光的照射下，玄关门上的横格子会在室内投下条纹状的阴影，给玄关空间营造出现代风的美感。

玄关的横格子门既赋予了住宅现代风的美感，又提升了住宅的安防性能。

充分利用杉木原木质感的山庄玄关门厅

建筑概要：
占地面积／690.00㎡
使用面积／131.77㎡
设计／MDS一级建筑士事务所
名称／八岳山庄

　　八岳山庄与周围的环境融为一体。山庄内有菜田，房主可以种一些蔬菜供自家食用。推开住宅的正门，首先映入眼帘的是玄关门厅，作为迎接来客的重要部位，玄关门厅的顶棚使用了带有美丽木纹的杉木板。

　　为了最大限度地采纳阳光，整座山庄设计成朝南的扇形布局。在山庄门前还设计了一个宽敞的停车廊。山庄充分利用杉木的原木质感，与八岳山的原野风光搭配协调。

从室内不同空间望出去的景色各不相同，既有作为近景的田园和森林，又有作为远景的群山。

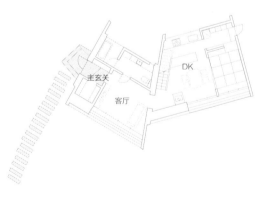

让人心情舒畅的
宽敞门前通道

建筑概要：
占地面积／300.55㎡
使用面积／126.33㎡
设计／奥野公章建筑设计室
名称／八潮之家

此栋住宅的周边环境非常复杂，既有停车场，又有主干道路。鉴于此，建筑师在住宅内设计了一个中庭，并将主要房间设计在最里面。玄关外面是一个宽敞的带檐简易车棚，同时也可兼作门前通道来使用。这一设计给室内和周边环境营造出恰到好处的距离感。

玄关没有直接朝向门前的道路，而是朝向与道路平行的一侧。这样一来，即便开着门，外人也不会看到室内的情况，可以更好地保护住户的隐私。此外，门前通道旁边还种了一些植物，也可以在一定程度上阻挡外人的视线。

成排的木制百叶挡板将人引向住宅的门口。为了让室内尽可能少受周边环境的影响，玄关通道周边采用了包围式的半封闭设计。

带有狗狗中庭的住宅

建筑概要：
占地面积／185.52㎡
使用面积／148.05㎡
设计／充综合计划一级建筑士事务所
名称／DOG COURTYYARD HOUSE

　　此栋住宅明亮，通风也好，而且房主还养着五只小型犬。房主将这些狗狗当作家人来看待，所以在委托设计时特意要求一定要给狗狗留一块舒适的玩耍空间。

　　建筑师设计得也很大胆，将住宅的入口部位整个活用成了一个宽敞的狗狗中庭。狗狗中庭可以供家人和狗狗自由玩耍，可以将阳光和风引到住宅内部，让住宅变得更舒适，而且还给这栋两代人住宅的两代家庭营造出合适的距离感。

从大门进入之后就是狗狗中庭。住宅内的所有房间呈"U"形围绕中庭而建。

让住宅和街道融为一体的微型门前区

建筑概要：
占地面积／34.10m²
使用面积／35.65m²
设计／Niko设计室
名称／饭岛之家

此栋住宅的建筑用地狭小，而且位于两条街道的交叉处。房主在委托设计时希望新居的外观能够被街上的行人所喜爱。

鉴于此，建筑师将玄关前的门廊活用为一个微型的门前区，然后在外周种上花草。充满绿意的门前区和房前的街道很自然地融为一体，使得住户在家中也能体会到宛如在大街上的感觉。

玄关前的曲面空地成为室内与室外的连接空间。

211

宽敞的室内玩耍空间
迎接着家人的归来

建筑概要：
占地面积／135.44㎡
使用面积／121.70㎡
设计／LEVEL Architects
名称／大船住宅

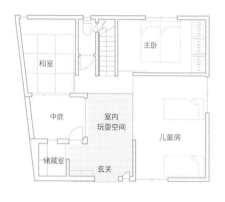

房主喜欢户外运动和自行车，所以建筑师在住宅内设计了一个一打开房门就可以看到的宽敞的玩耍空间。玩耍空间毗邻中庭和儿童房，可以当作第二客厅来使用。

玩耍空间的地面铺瓷砖，墙壁贴木板，孩子们可以自由地在里面玩耍。儿童房的地面比玩耍空间稍高出一截，可以当作玩耍空间的座椅来使用。

为了更好地保护住户的隐私，玄关周边区域采用的是全封闭式设计。

利用间接照明的
安静玄关

建筑概要：
占地面积／153.52㎡
使用面积／117.78㎡
设计／佐藤宏尚建筑设计事务所
名称／traveling

房主在委托设计时要求玄关内要有窗户，而且还要有一把椅子，这样便于坐着穿鞋，此外还需要设计一个鞋柜。

鉴于此，建筑师在玄关内设计了可藏到墙壁里的抽拉式椅子。门窗和家具也全部采用便宜的柳桉木胶合板，上面刷很重的油性着色剂。家具下面设计了间接照明，给整个玄关空间营造出丰富的表情。

玄关地面铺设的是多孔
柔和的石灰华板。

推开房门首先看到的是象征树
（symbol tree）的窗景

　　推开房门后，首先映入眼帘的是一个种着一棵鸡爪槭的小中庭。虽然空间很小，但整个景色却像画一样给人留下很深的印象。

　　玄关的地面铺木地板，与没加任何装饰的钢筋混凝土墙壁搭配在一起，使得建筑材料的质感更加突出。

建筑概要：
占地面积／189.23m²
使用面积／133.31m²
设计／村田淳建筑研究室
名称／成田东的中庭住宅

玄关的钢筋混凝土墙壁没加任何的装饰。在裸色混凝土墙壁的映衬下，窗外的景致显得更加生动。

214

小但重要的玄关前花园

此栋住宅的建筑用地宽为5.5米，纵深为18米。鉴于建筑用地的狭长现状，建筑师在玄关前面设计了一个花园，同时也可兼作门前通道来使用。花园内种植着花草树木，从房前道路上经过的行人可以欣赏到花园内的景色。

花园的矮围墙用冲绳花砖砌成，恰到好处地挡掉了部分视线。停放自行车的空间铺设的是花岗岩方块石。

建筑概要.
占地面积／95.83㎡
使用面积／122.45㎡
设计／都留理子建筑设计工作室
名称／羽根木I邸

玄关前的花园既是门前通道，又是孩子们的乐园，同时也是房主夫妇休闲放松的场所。

215

可为住户增添乐趣的玄关暗影效果

建筑概要：
占地面积／120.52㎡
使用面积／87.27㎡
设计／石井秀树建筑设计事务所
名称／贯井之家

　　此栋住宅的玄关内的光线较为昏暗，阳关透过玄关尽头的窗户洒到窗下的楼梯上。当住户回家的时候，打开房门，看到明暗对比的玄关，自然会生出一番乐趣。

　　玄关左侧的白墙内藏着折叠式的长凳和邮筒。右侧的黑色木墙壁是玄关和储藏室的共用墙。储藏室位于房间的正中，四周是一圈黑色的木墙壁。

由于住宅内是一个连续的整体空间，所以玄关看起来要比实际面积更为宽敞。

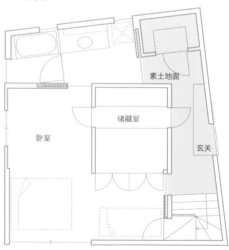

斜坡旁边设计了内凹式的展台。

连接一层的平缓玄关斜坡

建筑概要：
占地面积／396.81m²
使用面积／121.87m²
设计／石井秀树建筑设计事务所
名称／锯南之家

　　阳光透过天窗照射到一层的楼梯上，引导着来宾进入房间内。出于建筑设计上的各种考虑，建筑师最终将一层地面设计到高出地表1米的位置。房主希望从玄关到一层这段通道能够成为无障碍区域，所以建筑师将其设计成斜坡。斜坡旁边还设计了展台，可以放一些住户喜欢的玩具。

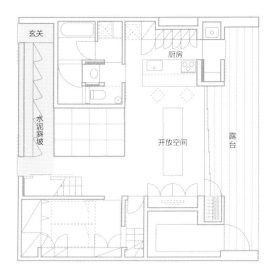

玄关
厨房
水泥斜坡
开放空间
露台

将杂乱的日用品全部收纳在玄关内

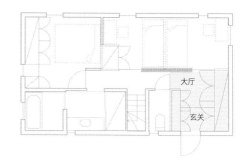

大厅

玄关

建筑概要：

占地面积／91.80㎡
使用面积／91.08㎡
设计／imajo design
名称／田园调布之家

房主在委托设计时明确提出新居内要有一个能够将季节性用品、家电和行李箱等全都收纳在内的储藏空间。鉴于此，建筑师在玄关内设计了很多的储藏柜。

储藏柜的下部可以放鞋子。婴儿车也有自己专门的储藏柜。而且，其中一个储藏柜没有设计成上下贯通的大柜，而是做成了中间留出空间的上下两个小柜。中间的间隙被活用成了壁龛，可以摆一些小物件。

房门的旁边是磨砂玻璃的固定窗，透入的光线可以将整个玄关照亮。

宽敞的混凝土地面
多功能玄关

建筑概要：
占地面积／130.91㎡
使用面积／117.88㎡
设计／桑原茂建筑设计事务所
名称／蓟野之家

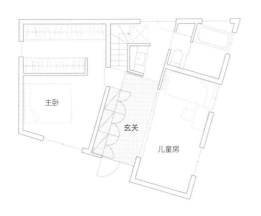

主卧

玄关

儿童房

此栋住宅的玄关采用半户外式，将户外和室内顺畅地连接在一起。玄关非常宽敞，直接使用混凝土地面，连接着车库上方的露台、盥洗室和晾衣间等。玄关内可以放自行车，可以供孩子们玩耍，在下雨天还可以用来晾衣服，所以说是一个多功能的空间。

宽敞的混凝土地面玄关，使用非常方便。

在宽敞的入口休息室
享受惬意的咖啡时光

建筑概要：
使用面积／95.4㎡（不含子世带楼层）
设计／ageha.
名称／passage

建筑师在玄关内设计了宽敞的水泥地面休息室。休息室类似于一个私人咖啡间，房主可以和来宾在这里喝茶和咖啡等。

从休息室一直延伸到客厅内的长凳将来客的视线引导到房间深处，给人一种超出实际情况的纵深感。此外，长凳还可以当作展示台来使用。

休息室内有一条长凳，住户或来宾穿鞋的时候可坐在上面，非常方便。

220

可以供人避雨的
宽敞门廊

建筑概要：
占地面积／231.86㎡
使用面积／99.57㎡
设计／imajo design
名称／都留之家

此栋住宅的门廊的宽度和纵深都比较大，给人很宽敞的感觉，可以放婴儿车或三轮车等。

木门由美国松制成，和外墙涂成了同样的颜色。随着时间的流逝，木制房门和外墙会越来越有光阴沉淀的质感。黄铜色门把手的颜色也会不断加深。

玄关门廊宽2.5米、深1.8米。下雨天，行人可躲在里面避雨、歇一歇。

一直延伸到门口的门前长通道

此栋住宅的建筑用地是典型的"旗与旗杆"形。建筑师将旗杆部分设计成一条长长的门前通道，通道内种植着很多植物，装饰得如同散步道一般。

房门使用的是2米×2米的正方形推拉门。当住户推开房门往外走时，看到满眼的绿色，心情自然也会变得愉悦起来。

建筑概要：
占地面积／92.65㎡
使用面积／78.48㎡
设计／Niko设计室
名称／鸿巢之家

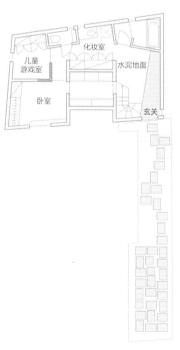

门前通道种植的植物为住户增添了出门和归家时的愉悦感。建筑师的设计让住宅看起来比实际面积更为宽敞。住户的居住体验也更为舒适。

从入口处分出向左和
向前两条通道的住宅

建筑概要：

使用面积／108.92㎡

设计／H.A.S.Market

名称／SUR

此栋住宅的玄关旁边是一个箱形湿区。从玄关开始沿着湿区的两条相邻墙壁分出了向左和向前两条通道。向左的通道直通LDK，向前的通道直通茶室。

通往茶室的通道的右侧墙壁贴水曲柳木板，不仅挡住了向室内凸出的立柱，还使壁面有了收纳的功能。

从玄关分出的两条通道
有效地避免了室内活动
路线的交叉。

被当作展室使用的
全开放式玄关

建筑概要：
占地面积／150.86㎡
使用面积／207.74㎡
设计／MDS一级建筑士事务所
名称／目白之家

　　巨大的橱窗和全透明玻璃的玄关门将玄关打造成一个全开放式的空间。玄关内的通道同时具有展室的功能，并且很好地将室内与室外连接在一起。

　　此外，为了保护住户的隐私，建筑师特意将用于家人团聚的客厅设计在地下室。

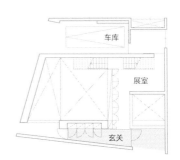

使用透明玻璃门的全开放式玄关将门前通道和室内通道连接在一起。

从窗户透出的灯光迎接着
归途中的家人

建筑概要：
占地面积／187.15㎡
使用面积／129.39㎡
设计／充综合计划一级建筑士事务所
名称／OPERA

斜坡　门廊　玄关　歌剧室

　　此栋住宅的建筑用地是"旗与旗杆"形。建筑物所在的平台要比现有的门前通道高出一截，所以在门前设计了中间带斜坡的两级台阶。

　　住宅内的玄关被兼用作隔音室。为了控制成本，住宅前的斜坡通道直接沿用原有的坡度。每到夜晚，从窗户透出的温暖的灯光迎接着归家的人。

门廊的最内侧设计了一面固定窗，这样在房门关上之后也不会显得闭塞。

225

3-2　外观

外观是住宅的颜面

  在住宅鳞次栉比的街道中，住宅的外观
既要与周围的环境相协调，又要体现出自身
的个性。

  那种白天和夜间会呈现出不同面貌的住宅
会更受人喜爱。

227

观景窗让"旗与旗杆"形建筑用地的特征更加突出

建筑概要:
占地面积／115.81㎡
使用面积／110.64㎡（不含阁楼）
设计／充综合计划一级建筑士事务所
名称／TREASURE BOX

　　此栋住宅的建筑用地呈"旗与旗杆"形，窗框内置，四周包外墙用建材，既消除了窗框的冷硬感，又使室内变得非常简洁。从室外看住宅时，首先看到的就是窗框，所以窗框会给来访者留下很深的印象。

　　窗户还起到观景窗的作用，透过窗户可以看到路边的景象，既提高了住宅的安全性能，又可以确认来客和快递等。

通过观景窗可以看到门前通道最前端的景象，还可以辨认出来客是谁。

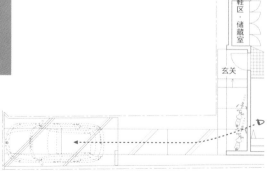

采用斜削式屋顶的住宅

建筑概要：
占地面积／135.44m²
使用面积／121.70m²
设计／LEVEL Architects
名称／大船住宅

此栋住宅的外观足以给人留下深刻的印象。整栋住宅的顶部被削成了三角锥状，设计非常独特。建筑师之所以将其设计成这样，一是为了望向西侧的视野能够更开阔；二是为了保护住户的隐私。

住宅内部设有庭院和露台，受独特外观的保护，外人完全看不到住宅内的情形。站在庭院或露台内，仰头可以看到美丽的天空。屋顶的斜削式设计不仅增强了住宅的隐私性，同时也使住户的生活可以更加丰富多彩。虽然屋顶的线条非常锋利，但由于外墙整体包上了木板，所以整栋住宅给人的感觉还算柔和。

屋顶的线条非常锋利，但由于外墙整体包上了木板，所以给人的感觉还算柔和。整栋建筑物充满个性，任何人见了都会留下深刻的印象。

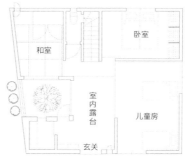

充分利用炭化杉木的箱式住宅

建筑概要：
占地面积／120.53㎡
使用面积／86.94㎡
设计／佐藤宏尚建筑设计事务所
名称／五层的家

炭化杉木不仅拥有独特的沉稳质感，同时还拥有防火、防虫、防腐蚀等优良性能。为了最大限度地发挥炭化杉木的特性，整栋建筑物的外墙全部使用了未进行磨光处理的炭化杉木。

外墙所用的炭化杉木板全部纵向铺设，提升了外墙的防水性能。此外，为了让炭化杉木板尽可能长时间地保持美观，屋顶沿外墙一周全部加装了由铁板制成的房檐。拥有锋利线条的房檐成为此栋简洁的箱式住宅一处与众不同的亮点。

要想减缓建筑物的经年变化，恰当的防雨对策是不可或缺的。此栋住宅本来没有设计屋檐，后来在屋顶沿外墙顶部加装了一圈由铁板制成的房檐，这一不经意间的设计反而成为住宅与众不同的一大亮点。

外墙的设计非常简洁，在顶部加装了一圈由钢板制成的房檐，显得非常与众不同。

玄关

地板下收纳空间

客厅

地板下收纳空间

具有美丽的墙壁
线条的住宅

建筑概要：
占地面积／191.23㎡
使用面积／187.19㎡（不含阁楼）
设计／充综合计划一级建筑士事务所
名称／FOLD

在城市中，建筑物的屋顶和房檐一般都没有优美的线条，这就使得墙壁线条尤为重要。

此栋住宅的墙壁布满了平行的斜线，在整条街道中非常显眼。墙壁上的独特线条使得住宅不会被周围的风景所埋没，还更加体现出住宅与该地区的关系。建筑师之所以将墙壁设计成这样，就是为了让他人能够意识到周围环境与住宅的关系，从而加深对住宅的喜爱。

住宅自身造型的平衡性以及与周围环境的关系共同造就了住宅的美丽外观。这是一栋优秀的住宅，根本不需要任何夸示。

231

可以在半户外的出入口轻松聊天的住宅

建筑概要:
占地面积／59.45㎡
使用面积／85.77㎡
设计／Niko设计室
名称／佐藤之家

　　此栋住宅的建筑用地位于两条道路的交叉口。建筑师在设计住宅的外观时，既考虑到了保护住户的隐私，又考虑到要便于人员聚集，要让住户有热热闹闹的感觉。

　　半户外的出入口缓和了街上行人望向屋内的视线。此外，在阳光的照射下，半户外的出入口和门前的植物还会生出美丽的阴影。位于一层的餐厅可以透过半户外出入口直接看到大街上的情景，所以在屋内也能切身体会在户外的感觉。

整栋住宅的正面设计就是为了让住户有热热闹闹的感觉。

可以遮挡从旁边公园望过来的视线的住宅

建筑概要：
占地面积／100.74㎡
使用面积／106.00㎡
设计／充综合计划一级建筑士事务所
名称／借景之家

这是一栋三层住宅，紧邻一个小公园。小公园另一面是另外一家的住宅，而且阳台正对着这栋住宅，为了保护住户的隐私，建筑师在面向公园一侧没有设计大窗户，而是用小的换气窗来代替。

为了解决住宅的采光问题，建筑师在住宅中央部位设计了一个中庭，而且所有楼层的窗户全都朝向中庭。这样一来，既可以挡住公园内的游客望过来的视线，又可以将景色借到室内，让室内空间变得丰富一些。

在白天，即便是阳光刺眼的日子，也不需要拉下百叶窗。在夜晚，拉下百叶窗可以更好地保护住户的隐私，让住户度过一个舒心的夜晚。

倾斜的露台是观赏烟花的特等席

建筑概要：
占地面积／207.50㎡
使用面积／193.81㎡
设计／LEVEL Architects
名称／富士住宅

此栋住宅的屋顶呈南北倾斜状，倾斜的部分被用作三层的露台。露台是一个供家人休憩的地方，家人在夏天可以聚在露台上看烟花。

住宅的南侧是钢筋混凝土墙壁，外面包着木制的护板。硬朗的混凝土质感和木制护板的柔和质感形成鲜明对比，为住宅营造出更为丰富的表情。

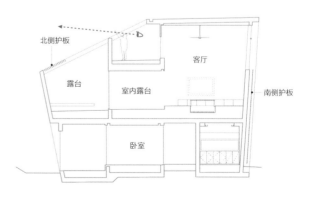

屋顶上竖着柴火暖炉烟筒的住宅

建筑概要：

占地面积／218.18㎡
使用面积／139.94㎡
设计／直井建筑设计事务所
名称／T邸

此栋住宅位于郊外的一个住宅区，住着一家四口。住宅的采光和通风良好，而且周边的自然条件也非常不错。在夏季，即便是不开空调，也会感觉很舒服。此栋住宅帮住户实现了可以邀请很多朋友聚在一起用餐、玩耍的梦想。

住户一直憧憬着在自己的家中能有一个柴火暖炉。建筑师特意为其设计了一个柴火暖炉，并且将竖着烟筒的那部分屋顶与前面的屋顶分开，利用屋顶间的间隙做了一个从室内二层伸出的露台。露台与儿童空间相连。一层的餐厅直接连着室外的庭院，使得室外空间也变成居家生活的一部分。

屋顶中间的间隙可以将自然光引入室内。

房主希望在新居内能够邀请很多朋友一起聚餐、玩耍，所以建筑师将住宅外观设计得很具有亲和力。

大胆的外形生出
柔和的阴影

建筑概要：
占地面积／75.29㎡
使用面积／114.72㎡
设计／石井秀树建筑设计事务所
名称／梶谷之家

此栋住宅的外形非常独特，二层和三层的阳台都是曲面，既可以当作本层阳台的扶手，又可以当作下层阳台的房檐。在日光或灯光的照射下，柔和的曲面会在下层投下美丽的阴影，使得住宅可以呈现出多种多样的表情。

住宅大门采用的是由美国杉木制成的竖条式推拉门。住宅的主体结构是钢筋混凝土，上面刷白色的隔热涂料，给人一种非常柔和的感觉。简单的建材和大胆的外形造就了住宅独特的外观。

阳台

阳台　化妆间

开放空间

为了保护住户的隐私，住宅大门采用木制竖条式推拉门，很有日本建筑的风格。

住宅在白天和夜间会呈现出不同的表情。

锋利线条下的丰富空间

建筑概要：
占地面积／148.56㎡
使用面积／140.32㎡
设计／APOLLO
名称／FLOW

此栋住宅的外立面由钢筋混凝土和木板组成。倾斜的、富有压迫感的墙壁是此栋住宅的典型特征。房主夫妻非常喜欢现代风格的装修，所以将住宅的外观设计成倾斜状。

倾斜的墙壁确保了室内空间在视觉上的宽敞，而且很好地挡住了外部的视线，营造出更加丰富的室内空间。此外，室内车库还被兼用作孩子们的游乐场，自然光也可以照射到车库内。

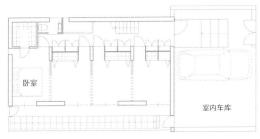

卧室

室内车库

外部是黑色，内部是白色的住宅

建筑概要：
占地面积／67.77㎡
使用面积／114.35㎡
设计／佐藤宏尚建筑设计事务所
名称／o-house

　　这是一栋建于市中心的三层住宅，建筑用地比较狭小。由于位于住宅密集区，所以住宅的外观采用了比较收紧的建筑风格。

　　整栋住宅的外墙以黑色为基调，显得比较闭塞。而住宅中央部位的中庭又给各个房间带来明亮的阳光，营造出开放的感觉。随处设计的纵向长条窗确保了住宅可以获得充足的采光。

　　室内以白色为基调，与黑色的外墙形成鲜明对比，同时也给住宅带来了变化的乐趣。

此栋住宅的宽度较窄，给人的第一印象是比较闭塞，但内部设计的中庭却给室内营造出开放的感觉。黑色的外墙显得整栋住宅比较收紧。

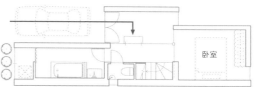

纵向长条窗和三层的高侧窗确保了室内可以获得充足的采光。当夜幕降临时，室内的灯光透过玻璃窗洒到室外，将夜色中的住宅衬托得更加美丽。

采用新工法建造的
四层狭小住宅

建筑概要:

占地面积／84.23㎡
使用面积／130.72㎡
设计／MDS一级建筑士事务所
名称／铁之家

　　此栋住宅的建筑用地位于市中心，横向的宽度很窄。如何在薄墙壁的状态下承载多层住宅的重量，就成为考验建筑师的一个难题。

　　建筑师最终决定通过螺栓固定轻量沟型钢来构成主体框架，然后在外面张贴装饰板材。这样一来，墙壁的厚度降到10厘米，同时还确保了足够的强度来支撑高达10米的四层建筑。此种建筑工法简单易操作，而且不需要工人具备多高的技术。根据房主的要求，外墙使用了无机质建材，给人一种非常时髦的感觉。

整栋住宅的外观就如同很多箱子堆积在一起。在白天，自然光可以透过窗户射到室内；在夜晚，灯光又可以透过窗户洒到室外。

黑白相间的地标性住宅

建筑概要：
占地面积／31.34㎡
使用面积／72.46㎡
设计／APOLLO
名称／DAMIER

此栋住宅的建筑用地仅有30多平方米。房主打算建一栋商住两用住宅，一楼用于出租，楼上用于自家居住。

一层出租，楼上自家居住，这已经成为市中心的典型住宅样式。此栋住宅的建筑用地位于一个十字路口，所以特意设计成黑白相间的特殊外观，以使其能够成为这一地区的地标性建筑。

住宅的外墙直接保留混凝土的原貌。楼内安装了换气系统，所以所有的窗户全都设计成不可开启的固定窗。这样一来，一栋地标性的建筑就诞生了。

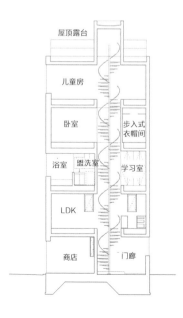

引入日式风情的
现代风格住宅

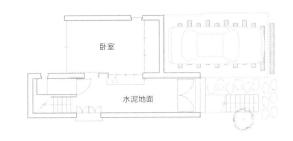

卧室

水泥地面

建筑概要:
占地面积／72.99㎡
使用面积／100.12㎡
设计／Niko设计室
名称／宗次之家

此栋住宅位于文京区的本乡，这里至今仍然保留着一些历史悠久的日式旅馆。房主非常喜欢旅馆街的氛围，所以要求新居的外观一定要与这种氛围相协调。

住宅的主体结构由钢筋混凝土浇筑而成，然后在主体结构上接出了一个全木结构的和室，无论是外观还是内饰，都给人很富有人文气息的舒适感觉。

这是一栋钢筋混凝土结构的三层住宅。木制的格子门充满了日式风情，与无机质的混凝土墙壁搭配在一起，体现出强烈的现代风格。

犹如一个个箱体堆放在一起的住宅

建筑概要：
占地面积／237.96㎡
使用面积／111.29㎡
设计／H.A.S.Market
名称／STH

此栋住宅的屋顶、墙壁和地面使用相同的材料，所有的连接部位全部呈直角，从外观上看就如同是一个个箱体堆放在一起。建筑师在设计时主要想突出功能区划分的创造性和独立性，所以将住宅设计成这一独特样式。

此栋住宅不仅具有一般住宅所必备的基本功能，同时还很好地展现出一个成熟家庭的外在形象。

在外部视线容易集中的部位尽量不设计开口，在便于眺望的方向则设计很大的开口部位，并且会与宽敞的露台相连，增强了室内与室外的连接感。

242

富有生机的
长条形住宅

建筑概要：
占地面积／72.21㎡
使用面积／47.12㎡
设计／石井秀树建筑设计事务所
名称／小金井之家

此栋住宅是一栋犹如鳗鱼洞般的狭长房屋。住宅宽为4米、纵深为11.5米，总建筑面积不到48平方米，是一栋名副其实的狭长住宅。受道路斜线限制的影响，如果将面向道路一侧的墙壁设计成竖直墙壁，那屋顶必须得设计成倾斜状。为了规避这一限制，建筑师特意将面向道路的墙壁设计成倾斜状。这样一来，屋顶就不用再做处理了。

外墙使用Jolypate漆刷成"橘皮皱"状。

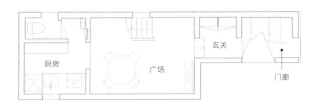

具有粗糙墙壁
质感的住宅

建筑概要:
占地面积／105.80㎡
使用面积／159.98㎡
设计／MDS一级建筑士事务所
名称／东山之家

此栋住宅位于市区内，北侧紧邻一条马路，所以建筑师在北侧墙壁最大限度地减少了窗户的开设数量。这样一来，不仅挡住了外人望向室内的视线，同时还在室内营造出非常漂亮的阴影。

外墙特意采用可以呈现出粗糙质感的粉刷方法，首先在墙上刷上泥浆，然后在上面抹上大小不同的沙粒，最后再把沙粒刮下来，这样可以让墙壁的粗糙质感更加突出。此外，各种各样的泥浆材料混合在一起，形成了独特的色调，刷到墙上后也显得更好看。

拱形的玄关门既具有粗糙的墙壁质感，又有纵深感。

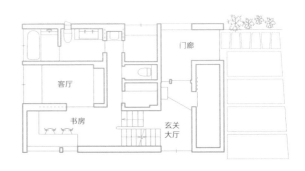

利用通透感的房门来给住宅增添柔和感

建筑概要:
占地面积／119.09㎡
使用面积／118.4㎡
设计／八岛建筑设计事务所
名称／弦卷之家

　　此栋住宅的外墙直接使用不做任何涂刷处理的混凝土墙壁，虽然给人现代风的感觉，但在整条街道中显得比较冷硬和孤立。房主不太喜欢这种感觉，所以如何让住宅的外观显得更亲切一些就成为摆在建筑师面前的一大难题。鉴于此，建筑师在住宅的出入口部位设计了透明的格子门，既增添了住宅的柔和感，又为出入口部位营造出纵深感，使得整栋住宅的外观更富有变化。

透明的格子门起到将人引导到室内的作用，
而且还为混凝土墙面增添了不一样的质感。

利用两重玄关来增强住宅的安防性能

建筑概要：
占地面积／727.22m²
使用面积／199.27m²
设计／八岛建筑设计事务所
名称／鸭居之家

　　此栋住宅的占地面积非常大，住宅的入口与整个院子的大门有很长一段距离。为了提高住宅的安防性能，建筑师将住宅外墙的开口部位设计得很小，而且房门也都是使用美国松制成的纵向格子门。

　　住宅外墙包裹着极具耐水性的美国香柏木板，木材的自然质感为住宅增添了柔和的感觉，同时也减弱了住宅对所在社区的压迫感，利于住宅更好地融入社区。

外墙包裹着美国香柏木板，显得外观非常柔和。

像鱼鳞一样闪闪发光的独一无二的设计

建筑概要：
占地面积／226.21㎡
使用面积／272.58㎡
设计／佐藤宏尚建筑设计事务所
名称／uroko

受住宅曲面外型的要求，外墙材既要有适合曲面的柔软性，又要具有良好的易维护性和耐久性，所以建筑师最终选择了镀铝锌板。

外墙所用的镀铝锌板全部为菱形，斜向铺设，三种颜色混合使用，把住宅的外立面装饰得非常漂亮。

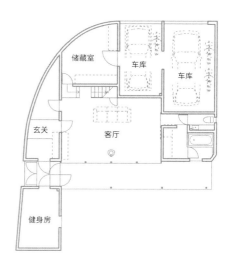

在阳光的照耀下，镀铝锌板会呈现出各种各样的效果。

具有梯形立面和梯形窗户的住宅

建筑概要：
占地面积／235.09㎡
使用面积／149.01㎡
设计／桑原茂建筑设计事务所
名称／trifurcation

受北侧斜线限制的影响，再加上为了确保室内的使用面积，建筑师大胆地将临街外立面设计成一个从一层地面直接延伸到屋顶的斜面。梯形外立面上开设梯形窗户，确保住宅的通风和采光。

为了让梯形窗户显得更加美丽，室内采用了半透明的推拉门，既缓和了射入室内的阳光，又保护了住户的隐私。

外墙使用镀铝锌板。窗户使用高楼用铝制窗框。

3-3 车库

给车一个温馨的家

本节为您介绍各种各样的车库。

一般来说，当前车库的流行趋势是与书房或素土地面房间等连为一体。

可以多角度欣赏
爱车的住宅

建筑概要:
占地面积／91.4㎡
使用面积／114.8㎡
设计／ageha.
名称／macchina

这是一栋以车为主题的住宅。

住宅顶棚高为6.3米，内部设计了两个跃层，所以有两个室内贯通空间。一、二层之间安装了车辆升降机。住宅内可以停放多辆爱车。

两个巨大的室内贯通空间显得车库很有开放感。

车辆升降机

无论是在住宅内的上面、侧面，还是前面，从各种角度都可以欣赏到爱车。

由方块花岗岩铺成的
平缓的地下车库

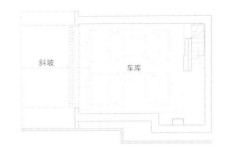

建筑概要：
占地面积／122.45㎡
使用面积／165.20㎡
设计／LEVEL Architects
名称／尾山台的住宅2

此栋住宅的建筑用地要比前面的街道高出1米左右，所以建筑师在住宅前往下挖了一个斜坡，设计出一个地下车库。

车库的地面由10厘米见方的花岗岩铺成，而且形成了非常平缓的坡度。如果换做瓷砖的话，这种坡度是根本实现不了的。由于坡度平缓，所以即便底盘再低的汽车也可以顺利地停到车库内。

车库的卷帘门一直伸到地面10厘米以下，这样即便是水漫过了水沟钢格栅也不会灌到车库里面，而且降下的卷帘门还会起到挡水的作用，所以这一车库有双重排水功能。

车库的侧面混凝土墙壁上安装了照明设备，
把房主的爱车照射得更加美丽。

可以放夫妻二人的摩托车的无地板房间

建筑概要：
占地面积／126.72m²
使用面积／94.86m²
设计／H.A.S.Market
名称／SOH

房主夫妻二人都是摩托车迷，所以在委托设计时明确要求新居内一定要有一个能够停放摩托车的宽敞玄关或檐下空间，而且要有一个与中庭相连的明亮浴室，还要有一个使人心情舒畅的宽敞客厅。

考虑到邻居家的感受，建筑师将玄关设计在了住宅的西南侧。玄关很宽敞，没有铺设地板。无论一层还是二层，各个房间外面都有一条共用的走廊，而且全都连着玄关。住宅与邻家住宅之间的公共空间成为住宅与外部联系的通道。

玄关内没有铺设地板，其宽敞程度足以容纳两辆摩托车。住宅与邻家住宅之间是一块面积很小的两家共用的公共区域。

可以减少人车之间
距离感的车库

建筑概要：

占地面积／118.00㎡

使用面积／137.72㎡

设计／MDS一级建筑士事务所

名称／荻窪之家

这是一栋位于幽静居住区的两代人住宅。为了降低住宅对街道的压迫感，建筑师将整栋住宅设计成数个箱体。

东侧箱体的一层是室内车库，与室内空间直接相连。住户可以体验到与爱车共同生活的乐趣。

车库使用了电动升降车库专用木门。暗褐色的木门与灰色的墙壁搭配在一起，让住宅的外观看起来非常雅致。

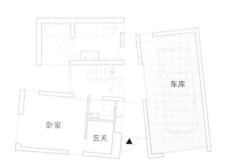

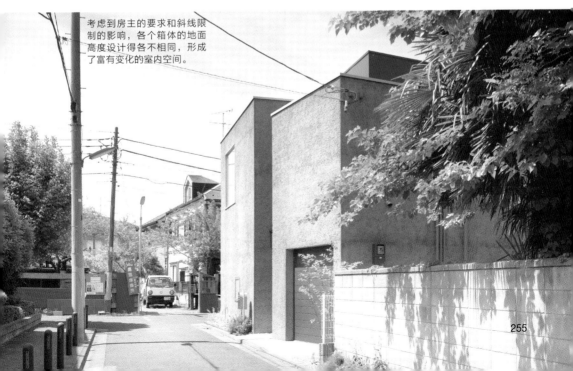

考虑到房主的要求和斜线限制的影响，各个箱体的地面高度设计得各不相同，形成了富有变化的室内空间。

可以确保通风和采光的横向卷帘门

建筑概要：
占地面积／93.33m²
使用面积／110.59m²
设计／佐藤宏尚建筑设计事务所
名称／steps

这是一栋由白色和黑色的两个立方体组成的住宅。车库位于二层露台的正下方，阳光可透过露台上的钢格栅照到车库顶棚的毛玻璃上。经过毛玻璃的散射后，刺眼的阳光也会变得柔和起来。

车库出口使用了横向的卷帘门，既可以确保车库的通风和采光，又可以起到防盗门的作用。

横向卷帘门使用的是TOEI公司的产品。
室内的各楼层都是跃层。

虽然很小，但看起来很宽敞的车库

建筑概要:

占地面积／55.43㎡
使用面积／112.57㎡
设计／LEVEL Architects
名称／四谷三丁目的住宅

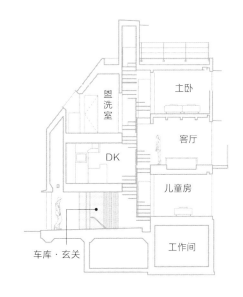

土卧

盥洗室

客厅

DK

儿童房

车库·玄关

工作间

此栋住宅的建筑用地狭长，宽仅有3.6米，而纵深则有12米。为了更好地利用室内空间，建筑师在室内的中央部位设计了一个上下贯通的楼梯，连接着室内所有的跃层房间。

玄关和车库共用一个空间。各房间的灯光沿着楼梯间洒到玄关内，温馨地迎接着家人的归来。

住宅正面强调出墙壁的质感，设计简洁，极力压减无用的线条。

由悬臂梁支撑的车库

建筑概要：
占地面积／44.57㎡
使用面积／101.44㎡
设计／APOLLO
名称／LATTICE

　　此栋住宅高为7.2米，正面全部包裹着木制百叶挡板。车库顶部由钢筋混凝土结构的悬臂梁支撑，呈现出不可思议的漂浮感。车库尽头是玄关。

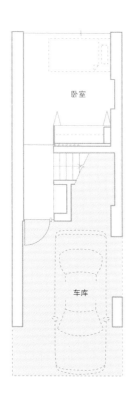

每条百叶挡板的宽度为20毫米，相连挡板间的间隙为15毫米。

和书房连为一体的带窗车库

建筑概要：
占地面积／65.27㎡
使用面积／109.13㎡
设计／佐藤宏尚建筑设计事务所
名称／斜柱之家

房主是个汽车迷，所以建筑师特意在一层为其设计了一个车库。书房位于车库的尽头，和车库是一个整体。书房内的矮桌和车库的地板使用相同的材料，而且高度也相同。车库尽头的部分地面下挖之后被用作书房的地面。

车库内使用了"X"形的交叉柱，这算得上是住宅内很有特色的一处设计，作用非常大，既提升了住宅的抗震性，又使得在墙壁上开设窗户变为可能。

"X"形交叉柱的存在既提升了住宅的抗震性，又使得开设窗户变为可能。

建筑师索引

事务所名	建筑师名	电话号码	住址	MAIL
ageha.	竹田和正・山上里美	03-6904-3515	东京都港区西麻布2-12-1-901	info@ageha.ch
株式会社APOLLO	黑崎敏	03-6272-5828	东京都千代田区二番町5-25二番町露台#1101	请通过公司主页的留言页面联系
石井秀树建筑设计事务所	石井秀树	03-5422-9173	东京都涩谷区广尾5-23-5 201号	info@isi-arch.com
imajo design	今城敏明・由纪子	03-5432-9265	东京都世田谷区驹泽1-7-13-104	info@imajo-desing.com
MDS一级建筑士事务所	森清敏・川村奈津子	03-5468-0825	东京都港区南青山5-4-35#907	info@mds-arch.com
奥野公章建筑设计室	奥野公章	03-3461-7203	东京都目黑区青叶台2-17-12 maison青叶台301	info@okuno-room.com
On Design Partners	西田司	045-650-5836	横滨市中区弁天通6-85宇德大厦401	nishida@ondesign.co.jp
桑原茂建筑设计事务所	桑原茂	044-281-9961	神奈川县川崎市麻生区上麻生3-10-55	info@swerve.jp
佐藤宏尚建筑设计事务所	佐藤宏尚	03-5443-0595	东京都港区三田4-13-18三田HIRUZU二层	webmaster@synapse.co.jp
充综合计划	杉浦充	03-6319-5806	东京都目黑区中根2-19-19一级建筑士事务所	sugiura@jyuarchitect.com
都留理子建筑设计室	都留理子	044-272-6932	神奈川县川崎市高津区下作延	请通过公司主页的留言页面联系
直井建筑设计事务所	直井克敏・德子	03-6806-2421	东京都千代田区外神田5-1-7五番馆4F	contact@naoi-a.com
Niko设计室	西久保毅人	03-3220-9337	东京都杉井区上荻1-16-3森谷大厦5F	niko@niko-arch.com
H.A.S.Market	长谷部勉	03-6801-8777	东京都文京区本乡4-13-2 本乡斋藤大厦4F	webmaster@hasm.jp
村田淳建筑研究室	村田淳	03-3408-7892	东京都涩谷区神宫前2-2-39外苑HOUSE127号	info@murata-association.co.jp
LEVEL Architects	中村和基・出原贤一	03-3776-7393	东京都品川区大井1-49-12-305	info@level-architects.com
八岛建筑设计事务所	八岛正年・夕子	045-663-7155	神奈川县横滨市中区山手町8-11-81	info@yashima-arch.com

家具专栏联系方式

商店名	电话号码	URL	本书页码
E&Y	03-3481-5518	http://www.eandy.com	P36（3、4）
hhstyle.com青山总店	03-5772-1112	http://www.hhstyle.com	P36（1）、P37（6）、P66（1、5）、P67（7）、P68（2）
cassina-ixc	03-5474-9001	http://www. assina-ixc.jp	P37（7）
Carl Hansen & Son Japan	03-5413-6771	http://www. Carlhansen.jp	P66（2）
参创hou-tech ekrea marketing	03-5940-0525	http://www.ekrea.net	P150（1）
CERATRADING	03-3796-6151	http://www.cera.co.jp	P152（3、5）
TIME&STYLE MIDTOWN	03-5413-3501	http://www.timeandstyle.com	P66（3）
大洋金物Tform	060-6632-8777	http://www.tform.co.jp	P152（1、4）
TOYO KITCHEN STYLE	03-6438-1040	http://www.toyokitchen.co.jp	P34（2）、P36（2、5）、P68（1、3）、P152（2）、P153（6、7）
平田tile	03-5308-1130	http://www.hiratatile.co.jp	P150（2、4）
BUILDING	03-6451-0640	http://www.building-td.com	P34（4）、P68（4）
Fritz Hansen日本分公司	03-5778-3100	http://www.fritzhansen.com	P34（3）、P66（4）
MARUNI木工	03-5614-6598	http://www.maruni.com	P67（6）
Minotti COURT	03-5778-0232	http://www.minotti.jp	P34（1、5）、P69（6）
MoMA DESIGN STORE	03-5468-5801	http://www.momastore.jp	P35（6）
Riviera	0120-148-845	http://www.riviera.jp	P150（3）
ligne roset tokyo	03-5549-9012	http://www.ligneroset.jp	P35（7）、P68（5）